Hermann Henrichfreise

AKTIVE SCHWINGUNGSDÄMPFUNG AN EINEM ELASTISCHEN KNICKARMROBOTER

FORTSCHRITTE DER ROBOTIK

Herausgegeben von Walter Ameling

Band 1: H. Henrichfreise
Aktive Schwingungsdämpfung an einem elastischen Knickarmroboter

Band 2: W. Rehr (Hrsg.)
Automatisierung mit Industrierobotern

Band 3: Peter Rojek
Bahnführung eines Industrieroboters mit Multiprozessorsystem

Exposés oder Manuskripte zur Beratung erbeten unter der Adresse:
Prof. Dr.-Ing. Walter Ameling, Rogowski-Institut für Elektrotechnik der RWTH Aachen, Schinkelstr. 2, 51 Aachen oder an den Verlag Vieweg, Postfach 5829, 6200 Wiesbaden.

Fortschritte der Robotik 1

Hermann Henrichfreise

AKTIVE SCHWINGUNGSDÄMPFUNG AN EINEM ELASTISCHEN KNICKARMROBOTER

Friedr. Vieweg & Sohn Braunschweig / Wiesbaden

CIP-Titelaufnahme der Deutschen Bibliothek

Henrichfreise, Hermann:
Aktive Schwingungsdämpfung an einem elastischen Knickarmroboter / Hermann Henrichfreise. – Braunschweig; Wiesbaden: Vieweg, 1989
(Fortschritte der Robotik; 1)
Zugl.: Paderborn, Univ., Diss.
ISBN 3-528-06360-2

NE: GT

Autor:

Dr. Ing. Hermann Henrichfreise promovierte an der Universität – Gesamthochschule Paderborn, Fachbereich 10, Maschinentechnik 1 und ist jetzt im Bereich der Realisierung hochdynamischer Regelungen für mechanische Systeme tätig.

Der Verlag Vieweg ist ein Unternehmen der Verlagsgruppe Bertelsmann.

Umschlaggestaltung: Wolfgang Nieger, Wiesbaden
Druck und buchbinderische Verarbeitung: Lengericher Handelsdruckerei, Lengerich
Printed in Germany

ISBN 3-528-06360-2

Vorwort

Die vorliegende Dissertation entstand während meiner Tätigkeit als wissenschaftlicher Mitarbeiter im Fach Automatisierungstechnik an der Universität — Gesamthochschule — Paderborn.

Dem Leiter des Fachgebietes, Herrn Prof. Dr.-Ing. J. Lückel, möchte ich für seine Förderung und sein Interesse an dieser Arbeit herzlich danken.

Herrn Prof. Dr. rer. nat. P. C. Müller, Leiter des Fachs Sicherheitstechnische Regelungs- und Meßtechnik an der Bergischen Universität — Gesamthochschule — Wuppertal gilt mein besonderer Dank für die Übernahme des Koreferats.

Nicht zuletzt möchte ich allen Mitarbeitern des Fachgebietes und besonders meinem Kollegen Dr.-Ing. W. Moritz und ehemaligen Kollegen Dr.-Ing. R. Kasper, jetzt bei der Bosch GmbH in Stuttgart, danken, die mich bei meiner Arbeit unterstützt und wertvolle Anregungen und Diskussionsbeiträge geliefert haben.

Paderborn, im Dezember 1987

Hermann Henrichfreise

Inhaltsverzeichnis

Lebenslauf

Persönliches: Hermann Henrichfreise
geboren am 2. Februar 1957 in Liesborn, Kreis Warendorf

Schulausbildung:
1963–1966 Karl-Wagenfeldschule, Liesborn-Göttingen
1966–1975 Ostendorf-Gymnasium, Lippstadt

Wehrdienst: 1975–1977

Studium:
1977–1983 Studium des Maschinenbaues mit dem Schwerpunkt „Theoretischer Maschinenbau" an der Universität-GH Paderborn

Berufliche Tätigkeit:
1983–1987 Wissenschaftlicher Mitarbeiter an der Universität-GH Paderborn in der Fachgruppe Automatisierungstechnik, Prof. Dr.-Ing. J. Lückel,
ab 1988 bei der dSPACE "digital signal processing and control engineering" GmbH in Paderborn

Verwendete Formelzeichen

a_C Quantisierungsstufe durch AD-Wandlung

$\mathbf{A}$ Systemmatrix

b Dämpfungskonstante

$\mathbf{B}$ Eingangsmatrix

c Federsteifigkeit

$\mathbf{C}$ Ausgangsmatrix

d Lehrsches Dämpfungsmaß

$\mathbf{D}$ Durchgangsmatrix

$\mathbf{e}$ Basisvektor

E Elastizitätsmodul

$E\{..\}$ Erwartungswert

E_D dissipative Energie der geschwindigkeitsprop. Dämpfungen

E_{kin} kinetische Energie

E_{pot} potentielle Energie

f_S Abtastfrequenz

$\mathbf{f}$ Vektor der eingeprägten generalisierten Kräfte

F äußere eingeprägte Kraft (Störkraft)

$\mathbf{F}$ Vektor der äußeren eingeprägten Kräfte und Momente

$\mathbf{F}_A$ Vektor der Schnittgrößen im Antriebsteilsystem

$\mathbf{F}_B$ Vektor der Schnittgrößen im Balkenteilsystem

$\mathbf{F}_L$ Vektor der verallgemeinerten Schnittkräfte

$\mathbf{g}$ Vektor der verallgemeinerten Gewichtskräfte

$\mathbf{h}$ Vektor der verallgemeinerten Coriolis- Zentrifugal- und gyroskopischen Kräfte

i Getriebeübersetzung

I Flächenträgheitsmoment

$\mathbf{I}$ Identitätsmatrix

J Massenträgheitsmoment

$\mathbf{J}$ Massenträgheitstensor

$\mathbf{k}_c^T$ Zeilenvektor der Rückführverstärkungen

$\mathbf{k}_r^T$ Zeilenvektor der Aufschaltverstärkungen

K_A	lokale Steifigkeitsmatrix eines Antriebsteilsystem
K_B	lokale Steifigkeitsmatrix eines Balkenteilsystems
K_L	lokale Steifigkeitsmatrix
K_O	Beobachter-Verstärkungsmatrix
K_{pc}	Matrix der Servoverstärkungen der Regelstrecke
K_{pm}	Matrix der Meßverstärkungen der Regelstrecke
l	Länge
m	Masse
M_ε	Losemoment
M_M	Motormoment
M_R	gesamtes Coulombsches Reibmoment
$\mathbf{M}$	Massenmatrix
P	Dämpfungsmatrix
$\mathbf{q}$	Vektor der generalisierten Lagekoordinaten
Q	Steifigkeitsmatrix
$\mathbf{r}$	Ortsvektor
$\mathbf{s}$	Lagefehler
S_{ww}	Intensität von weißem Rauschen
S	Steuereingriffsmatrix
T	Zeitkonstante
$\mathbf{T}$	Transformationsmatrix (Drehungsmatrix)
u_M	Eingangsspannungen in Servoverstärker der Regelstrecke
$\mathbf{u}$	Eingangsvektor
$\boldsymbol{u}_A$	Vektor der Verschiebungen im Antriebsteilsystem
$\boldsymbol{u}_B$	Vektor der Verschiebungen im Balkenteilsystem
$\boldsymbol{u}_L$	Vektor der lokalen Verschiebungen
$\boldsymbol{U}_L$	Koinzidenzmatrix zwischen lokalen und globalen Verschiebungen
v	elastische Verschiebung in y-Richtung
$\boldsymbol{v}$	Geschwindigkeitsvektor
$\boldsymbol{V}$	Jakobimatrix
w	elastische Verschiebung in z-Richtung
$\mathbf{x}$	Zustandsvektor
$\mathbf{y}$	Ausgangsvektor
$\mathbf{z}$	Vektor der Optimierungszielgrößen

α Kardanwinkel

β elastische Verdrehung, Kardanwinkel

$\Delta ..$ Abweichung aus Betriebspunkt

ε Getriebelose

γ Kardanwinkel

φ Drehwinkel

κ Matrix der geschwindigkeitsproportionalen Dämpfungsfaktoren eines Balkenteilsystems

μ Faktor für lastabhängige Reibung

ϑ elastische Verdrehung, Kardanwinkel

ψ elastische Verdrehung, Kardanwinkel

ω Kreisfrequenz

Ω Winkelgeschwindigkeit

$\boldsymbol{\Omega}$ Winkelgeschwindigkeitsvektor

$\tilde{\Omega}$ Winkelgeschwindigkeitstensor

1. Einleitung

1.1 Motivation zur Regelung elastischer Industrieroboter

In den letzten Jahren hat durch den verstärkten Einsatz von Industrierobotern (IR) eine Entwicklung der automatischen Fertigung, besonders in der Automobilindustrie aber auch in anderen Produktionsbereichen eingesetzt, deren Ende noch nicht abzusehen ist. Während in Fertigungsprozessen wie z.B. dem Lichtbogenschweißen relativ geringe Anforderungen an die Dynamik von IR zu stellen sind, übernehmen IR Aufgaben, bei denen zur Minimierung von Produktionszeiten schnelle und zielgenaue "Punkt zu Punkt Bewegungen" (Pallettieren, Maschinenbeschickung) verlangt werden, und dringen durch Entwicklungen in der Sensortechnik immer mehr in Bereiche vor, in denen ein feinfühliges, genaues Positionieren (Montage) oder eine schnelle, exakte Bahnverfolgung (Laserschweißen, -schneiden, Klebstoffauftragen) erforderlich sind. Ein neues Einsatzgebiet zeichnet sich in der unbemannten Raumfahrt ab, in dem Roboter auf Experimentierplattformen in einer Erdumlaufbahn für Aufgaben geplant sind, die zur Zeit Menschen unter hohen Risiken durchführen. Wegen der Notwendigkeit der Nutzlastminimierung werden hier extrem leichte Roboterkonstruktionen zum Einsatz kommen.

Mit diesen in einer zunehmenden Zahl von Anwendungen steigenden Anforderungen an die Schnelligkeit, Genauigkeit und Bauweise von Robotersystemen stoßen die meisten existiernden Regelungskonzepte an ihre Grenzen, die durch die jedem mechanischen System eigenen und nun nicht mehr zu vernachlässigenden elastischen Nachgiebigkeiten gegeben sind. Solche elastischen Elemente sind in IR herkömmlicher Konstruktionsart hauptsächlich in den Getrieben und bei langen Auslegern sowie extremer Leichtbauweise zusätzlich in den Positionierarmen zu finden. Bei schnellen Bewegungsabläufen mit kurzen Beschleunigungs- und Verzögerungszeiten werden die Strukturschwingungen des IR angeregt, die zu unerwünschten Bahnfehlern und bei "Punkt zu Punkt Bewegungen" zu Wartezeiten bis zum Abklingen der Schwingungen und Erreichen der genauen Endposition führen.

Die konventionellen Regelungen tragen diesen elastischen Eigenschaften keine Rechnung. Sie sind, ob zentral (z.B. nichtlinare Entkopplung mit inversem Modell /Patzelt 1980, Freund u. Hoyer 1980/) oder dezentral (z.B. Strom-, Drehzahl- und Lagekaskade auf Gelenkebene /Luh 1983b/) arbeitend, immer unter der Annahme einer idealen Regelstrecke aus starren Körpern entworfen und daher nicht in der Lage, die auftretenden elastischen Bewegungsanteile auszuregeln.
Zwar lassen sich durch konstruktive Maßnahmen, wie Versteifen von Bauelementen, veränderte Massenverteilungen und neue Antriebskonzepte (z.B. Direct-Drives), die Eigenfrequenzen der Strukturschwingungen zu höheren Werten aber selten in Bereiche verschieben, in denen sie für die Positioniergenauigkeit unbedeutend sind.

Ein weiteres Problem stellen nichtlinerare Eigenschaften der Antriebszweige wie Coulombsche Reibung und Lose dar, die im geregelten Fall u.a. zu Grenzschwingungen, ungleichförmigen Verfahrbewegungen bei kleinen Geschwindigkeiten und stationären Lagefehlern führen.

Daher ist man seit einigen Jahren bestrebt, die beschriebenen mechanischen Unzulänglichkeiten von IR (und mechanischer Systeme allgemein) mit Hilfe aufwendigerer Regelungskonzepte aufzufangen. Dieser Weg wird u.a. durch die Entwicklung leistungsfähiger Analyse- und Syntheseverfahren in der Systemtechnik sowie durch eine explosionsartige Steigerung der zur Implementierung dieser Verfahren und für eine Realisierung damit entworfener Regelungen benötigten Rechnerleistung unterstützt. In neuerer Zeit wurden für diesen Entwicklungs- und Forschungstrend die Begriffe "Mechatronik" (siehe z.B. /Arbeitsgruppe Mechatronik 1986/) und "schnelle Mechanik", die Beeinflussung mechanischer Systeme mit Hilfe moderner Mikroelektronik, geprägt.

1.2 Entwicklungsstand und eigene Zielsetzung

Eine der ersten Arbeiten auf dem Gebiet der Regelung elastischer IR stammt von /Hopfengärtner 1980/, die einen dreiachsigen IR mit zylindrischem

Arbeitsraum betrachtet. Zum Antrieb der Achsen dienen Gleichstrom-Scheibenläufermotoren und unterschiedliche Untersetzungsmechanismen wie Kettenräder, Keilriemen, Zahnstangen und Kugelumlaufspindeln. Als Basis für den Reglerentwurf verwendet Hopfengärtner nach einer Abschätzung nichtlinearer Kopplungsterme und der Vernachlässigung höherfrequenter Eigenformen ein lineares, für jede Achse entkoppeltes Modell mit zwei mechanischen Freiheitsgraden. Die Regelung wird in Form einer Zustandsvektorrückführung mit Beobachter angesetzt und zeigt bzgl. der Schnelligkeit der Starrkörperbewegung und Dämpfung der im Modell berücksichtigten Grundschwingung auch bei veränderten Betriebspunkten gute Ergebnisse. Ihre Realisierung mit lastseitiger Positionsmessung führt jedoch infolge von Coulombscher Reibung in den Antrieben zu Grenzzyklen, die sich durch eine alternative Messung der Position auf der Motorseite vermeiden lassen. Eine durch die Reibung bedingte ungleichmäßige Bewegung bei kleine Geschwindigkeiten ist aber weiterhin in abgeschwächter Form zu beobachten.

/Truckenbrodt 1980/ führt die Modellierung von IR als hybride Mehrkörpersysteme, bestehend aus starren und elastischen Körpern durch und gibt eine Vorgehensweise zur Aufstellung der Bewegungsgleichungen an. Dabei werden die Auswirkungen von Diskretisierungsfehlern durch Abbruch des Ritz-Ansatzes für verteilte elastische Koordinaten auf das mathematische Modell sowie damit verbundene Konsequenzen für die Regelungssynthese angegeben. Als Regelgesetz wird eine Kontrollbeobachter-Rückführung diskutiert, die auf das einachsige Demonstrationsmodell eines elastischen IR-Auslegerarms angewendet gute Ergebnisse liefert. Um möglichen Schwierigkeiten durch Coulombsche Reibung im als Antrieb verwendeten Torque-Motor aus dem Weg zu gehen, arbeitet der Beobachter durch Ausnutzen gegebener Freiheiten beim Entwurf ohne den Steuereingang der Regelstrecke.

/Kuntze u.a. 1985/ stellen zunächst das nichtlineare Starrkörpermodell für einen sechsachsigen Portalroboter auf und erweitern es nach experimentellen Untersuchungen um die Elastizitäten der in einigen Antriebszweigen von Scheibenläufermotoren angetriebenen Harmonic-Drive

(HD) Getriebe. Nach einer Abschätzung der Coriolis-, Zentrifugalterme und des Einflusses der Positionsabhängigkeit der Massenmatrix verwenden sie jedoch schließlich je Achse ein lineares entkoppeltes Modell mit zwei mechanischen Freiheitsgraden. Der Entwurf einer sog. versteifenden Regelung erfolgt nach Festlegung einer für die vorhandenen Messungen geeigneten Reglerstruktur je Achse durch Polvorgabe und mit Hilfe des Endwertsatzes der Laplace-Transformation. Während der experimentellen Erprobung des geregelten Systems stellt sich im Stillstand des IR aufgrund von Haft- und Gleitreibung in Verbindung mit einem I-Anteil der Regelung und der Antriebselastizität - wie schon bei /Ackermann 1984/ erläutert - ein niederfrequenter Grenzzyklus ein, dessen Amplitude durch Aufschalten eines sinusförmigen Anregungssignals mit einer Frequenz von 25Hz auf den Stromreglereingang verkleinert werden kann.

Gegen den störenden Einfluß der Antriebsreibmomente nehmen /Luh u.a. 1983a/ an einem Antrieb mit Gleichstrom-Scheibenläufer und HD Getriebe eine unterlagerte Drehmomentenrückführung vor. Das Rückführsignal liefert ein Drehmomentensensor am Abtrieb des HD Getriebes. Hier treten nach einer experimentellen Festlegung der Reglerparameter, mit dem Ziel den Reibungseinfluß zu minimieren, Grenzzyklen auf, die auf die im Getriebe vorhandene Lose zurückgeführt werden. Um das Entstehen dieser Grenzzyklen zu vermeiden, wird nachträglich ein phasendrehendes Kompensationsnetzwerk in die Drehmomentenschleife eingefügt.

Eine andere Möglichkeit der Handhabung von Reibung und Lose beschreibt /Tröndle 1983/. Er setzt für eine als Zwei-Massen-Schwinger modellierte IR-Achse eine Zustandsvektorrückführung (ZVR) mit nichtlinearem Beobachter an, der die Kennlinien der antriebsseitigen Reibung und Lose enthält. Das lastseitige Coulombsche Reibmoment wird im Beobachter über ein Störmodell erster Ordnung nachbildet und dessen Ausgang als Schätzwert der Reibung zusätzlich auf die Regelstrecke aufgeschaltet. Damit kann der sonst für stationäre Genauigkeit erforderliche Integrator im Drehzahlregler entfallen, was sich auch positiv auf die Bandweite der Drehzahlregelung auswirkt. Ein I-Anteil in der Lageregelung wird ebenso wegen der drohenden Gefahr nichtlinearer Grenzzyklen vermieden. Zur Gewährleistung stationär genauer

Bahnverläufe kommt eine nichtlineare Vorsteuerung, die die Antriebsreibung und Lose berücksichtigt, zum Einsatz. Die aus Simulationen gewonnen Ergebnisse für diesen Regelungsansatz zeigen ein gutes Verhalten des geregelten System. Ein Sicherstellen der Stabilität des nichtlinearen Beobachters für schnelle Beobachtereigenwerte und eine ausreichende Robustheit der Regelung in der Realisierung erscheinen jedoch problematisch.

Weitere Literaturstellen die sich mit der Dämpfung elastischer Schwingungen in IR /Liegeois u.a. 1980, Becker 1983, Hastings u.a. 1985/ sowie dem Einfluß von Antriebsnichtlinearitäten /Sweet u.a. 1985/ befassen, liegen etwa in dem durch die beschriebenen Arbeiten abgesteckten Rahmen, der grob durch die folgenden Merkmale gekennzeichnet ist:

* Die Modellierung (zum Teil mit sehr einfachen Modellen) und der Entwurf von Regelungen erfolgt (teilweise durch die Bauweise des jeweils betrachteten IR bedingt) für jede Achse unter Vernachlässigung linearer und nichtlinearer Kopplungseffekte getrennt.

* Nichtlineare Eigenschaften in den Antriebszweigen werden regelungstechnisch erst dann genauer betrachtet, wenn sie zu Stabilitätsproblemen im Gesamtsystem führen /Hopfengärtner 1980, Kuntze u.a. 1985/, oder sie werden in ihrer Wirkung durch eine Festlegung von Rückführungen minimiert /Luh u.a. 1983a/, die für die Regelung des Gesamtsystems (zur aktiven Schwingungsdämpfung) von größerer Bedeutung wären. Diesen Rahmen verläßt hier /Tröndle 1983/, der dafür aber den Entwurf eines nichtlinearen Beobachters mit zur Zeit noch relativ geringer theoretischer Unterstützung für die Auslegung sowie Stabilitäts- und Empfindlichkeitsanalyse in Kauf nimmt.

* Soweit nichtlineare Antriebsmodelle mit Coulombschen Reibungen, Lose und Begrenzung der Stellgröße in den Modellen Verwendung finden, unterscheiden sich diese unter Umständen in den Veröffentlichungen bei gleichem Aufbau der Antriebe erheblich voneinander. Eine genauere

Identifizierung der Struktur und Parameter der Antriebe erfolgt nicht.

* Der Regelungsentwurf auf Achsebene basiert in den meisten Fällen auf einer Vorgabe der Pol- und Nullstellen des geregelten Systems. Bekanntermaßen ist diese Vorgehensweise stark von Erfahrungswerten bestimmt und birgt insbesondere bei gestörten Meßsignalen und Reglerzuständen eine Unsicherheitsquelle. Zudem stellen die Pol- und Nullstellen nicht die wirklich zu optimierenden Größen - den Bewegungszustand des Greifers eines IR - dar.
  Der Entwurf einer optimalen ZVR durch Minimieren eines integralen Gütefunktionals der gewichteten Varianzen interessierender Ausgangsgrößen (Riccati-Entwurf /Kwakernaak u.a. 1972, Lückel u.a. 1983/) ermöglicht zwar unter Berücksichtigung von Meß- und Prozessrauschen die Optimierung dieser interessierenden Größen (Zielgrößen), möchte man aber zusätzlich die Lage bestimmter Eigenwerte beeinflussen (z.B. zur Vorgabe der Schnelligkeit und Dämpfung der Starrkörperbewegung eines IR), ist dieses nur indirekt und umständlich mit Hilfe der Gewichtungen der Varianzen möglich. Ferner ist der Anteil der Einzelzielgrößen (-varianzen) am endgültigen Wert des Funktionals erst nach Abschluß des gesamten Entwurfsablaufes durch eine Analyse des vollständigen geregelten Systems erkennbar, was häufig zu einem wiederholten Durchlaufen aller Entwurfsabschnitte mit geänderten Gewichtungen führt. Einer dieser Abschnitte ist im allgemeinen zur Schätzung der nicht meßbaren Systemzustände die Auslegung eines brauchbaren Kalman-Filters, die bei nichtlinearen Systemen mit "harten" Nichtlinearitäten wie Reibung und Lose, wegen ihres Einflusses auf die Qualität der Schätzwerte und damit der Regelung selbst, mit erheblichen Schwierigkeiten verbunden sein kann und ggf. das gesamte Regelungskonzept zum Scheitern bringt.

In dieser Arbeit wird ein Weg zur Regelung elastischer IR beschritten, der von einer vollständigen, möglichst wirklichkeitsnahen *Modellierung des Gesamtsystems* ausgeht und die nichtlinearen Antriebseigenschaften von vorn herein in einer Weise berücksichtigt, die keine Einschränkungen (z.B.

durch Vergabe von Rückführfreiheitsgraden zur Minimierung nichtlineare Einflüsse) für das angestrebte endgültige Regelungsziel - der schnellen und genauen Positionierung des Greifers - beinhaltet. Lineare Kopplungseffekte zwischen den einzelnen Achsbewegungen werden automatisch durch das vollständige Modell und den ***Ansatz einer linearen Mehrgrößenregelung*** einbezogen. Relevante nichtlineare Terme können, soweit erforderlich, mit Hilfe geeigneter nichtlinearer Aufschaltungen von Führungssignalen nachträglich minimiert werden. Für die Regelungssynthese kommt ein Verfahren zur Anwendung, das die Vorgabe beliebiger Rückführ- und Aufschaltstrukturen (von einer einfachen Kaskadenregelung bis zur ZVR mit vollständigem Beobachter) sowie ***gleichzeitig*** die direkte ***Optimierung der Varianzen interessierender Zielgrößen und Beeinflussung der Systemeigenwerte*** ermöglicht /Kasper 1985/. Schließlich erfolgt die ***digitale Realisierung und Erprobung des Regelungskonzeptes im Laborversuch***, für den der im folgenden Kapitel vorgestellte IR-Versuchsstand zur Verfügung steht. Um die bei einer Einbeziehung schellerer Eigenwerte erforderlichen Abtastfrequenzen zu erreichen, kommt als Regelrechner ein Signalprozessorsystem zum Einsatz /Hanselmann u.a. 1984a, Loges 1985/, das Abtastraten von einigen Kiloherz ermöglicht.

Der Schwerpunkt der Arbeit liegt, im Gegensatz zur üblichen Betrachtung entkoppelter oder entkoppelt gedachter Teilsysteme in Form einzelner IR-Achsen (s.o.), in der ***Ausrichtung*** der Modellbildung, Analyse und Reglersynthese ***auf das vorliegende gekoppelte Gesamtsystem IR*** und erlaubt dadurch eine ***Steigerung der Leistungsfähigkeit*** des geregelten Systems sowie eine bessere Übertragbarkeit theoretischer Ergebnisse in die Realität.

2. Versuchsaufbau und Regelungskonzept

2.1 Laborversuchsstand

Bild 2.1 zeigt die Eigenkonstruktion des mit den drei Grundachsen Hochachse, Schulter und Ellbogen augestatteten Knickarmroboter-Versuchsstandes, der die Grundlage der Arbeit darstellt. Jede Achse enthält einen nach gleichem Muster aufgebauten Antriebszweig bestehend aus einem Gleichstrom-Scheibenläufermotor mit Harmonic-Drive (HD) Getriebe, der im IR-Bereich einen gewissen Standard darstellt. Gerade diese Antriebskonfiguration wirft wegen der besonders im HD Getriebe vorhandenen unterschiedlichen Reibungsmechanismen /Henrichfreise 1984/, der Lose und einer ausgeprägten Elastizität einige regelungstechnische Schwierigkeiten auf /Luh u.a. 1983a, Kuntze u.a. 1985/ und ist daher besonders interessant. Die zugrunde liegenden Motor- und Getriebedaten sowie eine Skizze des Hochachs- und Ellbogenantriebes sind im Anhang A zu finden. Zur Ansteuerung der einzelnen Motoren werden Transistor-Servoverstärker mit integrierter analoger Stromregelung und -begrenzung verwendet, die zusammen mit den elektrischen Eigenschaften der Scheibenläufer eine hohe Bandbreite (> 500 Hz) im Übertragungsverhalten zu den Motormomenten aufweisen.

Um den bereits vorhandenen Elastizitäten im System, besonders in den Getrieben, weitere elastische Elemente hinzuzufügen und deren Auswirkung auf das Bewegungsverhalten des Systems deutlicher herauszuheben, bestehen die Positionierarme aus dünnwandigen Aluminium-Hohlprofilen und weisen die in Bild 2.1 gestrichelt eingezeichneten Verformungsmöglichkeiten auf. Eine Torsionsverformung des Unterarmes braucht dabei, wie später auch Meßergebnisse zeigen, wegen der relativ kleinen Trägheitsmomente der Endmasse, die hier die Masse des Greifers mit Nutzlast darstellt, nicht berücksichtigt werden.
Eine globale Vorstellung von den Abmessungen und technischen Daten des Versuchsstandes geben Tabellen A1 bis A4 im Anhang A.

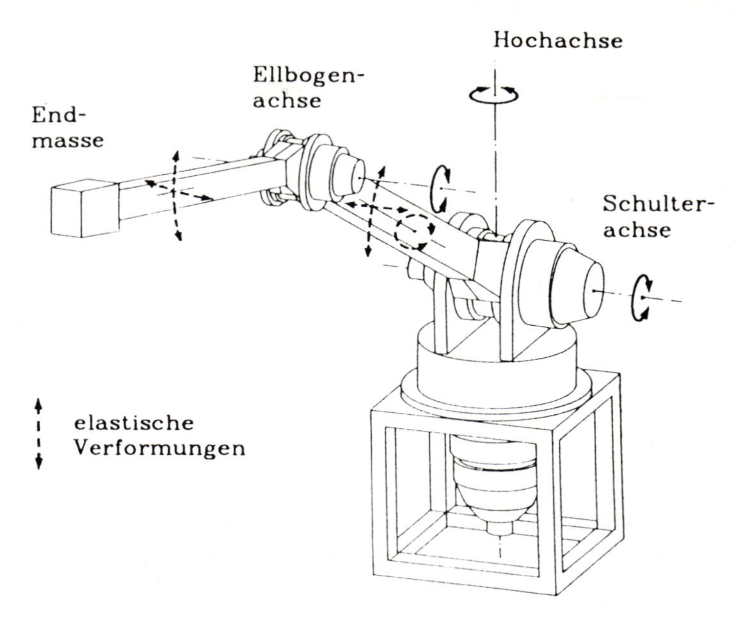

Bild 2.1: Dreiachsiger Laborversuchsstand eines elastischen Knickarmroboters

Neben den üblichen, bei IR verwendeten Meßgrößen - den Motorströmen sowie relativ zu den Gehäusen gemessenen Motorwinkelgeschwindigkeiten und Motorwinkeln -, sind zusätzlich zur Messung der Armverformungen in jeweils beiden Biegerichtungen am Ober- und Unterarm Dehnungsmeßstreifen (DMS) in Vollbrückenschaltung, am Oberarm in Armmitte und am Unterarm 0.25m vom Drehpunkt des Ellbogens entfernt, angebracht. Die vier verstärkten Brückenspannungen können als Krümmungen des jeweiligen Positionierarmes in Horizontal- bzw. Vertikalrichtung an der betrachteten Meßstelle interpretiert werden /Truckenbrodt 1980/ und liefern für die vertikale Bewegungsebene (Schulter, Ellbogen) eine den Getriebeabtriebsmomenten, die in /Luh u.a. 1983a/ mit Hilfe spezieller Momentensensoren ermittelt wurden, entsprechende Information. Zur Messung des Abtriebsmomentes der Hochachse dient eine DMS-Vollbrücke, die sich auf einer Hohlwelle zwischen dem HD Abtrieb und dem Gehäuse des Schultergelenkes befindet (s. Anhang A).

Mit den genannten Meßgrößen soll nun durch eine Regelung die Optimierung des Bewegungsverhaltens der Endmasse erfolgen, zu deren Zweck geeignete Optimierungskriterien und eine entsprechende Vorgehensweise zu definieren sind.

2.2 Regelungsaufgabe und Vorgehensweise

Am Ende des Abschnittes 1.2 wurde als Regelungsziel eine schnelle und genaue Bewegung des Greifers (der Endmasse) auf vorgegebenen Sollbahnen genannt. Als Ursachen für eine Einschränkung der Schnelligkeit und für Bahnabweichungen kommen folgende Punkte in Frage:

1. Eine Begrenzung der Dynamik der großen Bewegungen (Schwenkbewegungen) durch die verfügbaren Stellgrößen. Die Ausregelzeiten von Bahnfehlern, die während Beschleunigungs- oder Verzögerungsphasen entstehen, liegen in der Größenordnung der Zeitkonstanten des geregelten Systems, die den Schwenkbewegungen zuzuordnen sind.

2. Die Anregung elastischer Schwingungen durch die Aufschaltung schneller Sollsignalverläufe auf die Regelkreise oder Wirkung äußerer Störkräfte z.B. am Greifer. Die auf elastische Schwingungen zurückzuführenden Bahnfehler sind mit konventionellen Regelungskonzepten nicht beherrschbar und klingen etwa mit den zugehörigen Zeitkonstanten der ungeregelten Strecke ab, was für eine zunehmende Zahl von Anwendungsfällen nicht mehr tolerierbar ist. Zudem können bei abtriebsseitigen Meßgrößen aufgrund elastischer Elemente zwischen Antrieben und Meßstellen Stabilitätsprobleme bei der Auslegung konventioneller Regler auftreten, die nur durch eine ***zusätzliche Verringerung der Schnelligkeit*** der Schwenkbewegungen (vgl. Punkt 1) zu vermeiden sind /Luh 1983b/.

3. Abweichungen von vorgegebenen Greifersollpositionen durch zeitveränderliche Führungsgrößen (Schleppfehler). Sie werden einerseits durch lineare Eigenschaften (Dämpfungen, Trägheit, Elastizität) des zu regelnden Systems, andererseits durch nichtlineare Verkopplungen in Form von Zentrifugal- und Corioliskräften hervorgerufen. Zusätzliche Bahnabweichungen entstehen durch am System angreifende äußere Kräfte und Momente (Gewichtskräfte, Störkräfte am Greifer, ..), die wie die Schleppfehler noch abhängig von der Winkelstellung des IR sind.

4. Nichtlineare Eigenschaften in den einzelnen Achsantrieben führen zu Bahnfehlern und stationären Lageabweichungen. Hier ist neben einer Lose in den Getrieben, die immer mehr durch fertigungstechnische Maßnahmen verringert wird, hauptsächlich Coulombsche Reibung zu nennen, die außer Bahnabweichungen noch zur Enstehung bereits in Kapitel 1.2 genannter nichtlinearer Grenzschwingungen führen kann.

Die Aufgabe der Regelung besteht darin, die unter obigen Punkten genannten Auswirkungen auf die Schnelligkeit und Genauigkeit so weit wie möglich zu eliminieren. Für die Punkte 1 bis 3 scheint diese Aufgabe wegen guter theoretischer Grundlagen und der Verfügbarkeit geeigneter Software-Tools im Bereich der linearen Regelungssynthese weniger problematisch.

Demgegenüber existieren zur Minimierung des Einflusses der Antriebsnichtlinearitäten Reibung und Lose (Punkt 4) kaum allgemeingültige Verfahren. Hier beruhen geeignete Ansätze mehr auf Intuition und intensiver Beschäftigung mit dem speziellen Problem anhand des Modells sowie im Versuch, um sowohl die tatsächliche Realisierbarkeit sicherzustellen als auch ggf. das Modell zu verbessern. Die regelungstechnischen Ansätze zur Minimierung des Einflusses von Reibung und Lose sind dabei so zu formulieren, daß

- sie nicht zu unerwünschten Grenzzyklen führen (vgl. Abschnitt 1.2) und
- später keinen negativen Einfluß auf die Dynamik des geregelten Gesamtsystems haben.

Unter diesen Gesichtspunkten bietet sich eine Aufschaltung (Kompensation) der als äußere Störgrößen (Störmomente) interpretierbaren Reibung und Lose an /Hasenjäger 1981, Tröndle 1983/, die (im Idealfall) die Eigenwerte des geregelten Gesamtsystems nicht beeinflußt. Dabei erscheint es wegen der mit den Betriebsbedingungen zum Teil stark schwankenden Werte (besonders bei der Reibung) sinnvoll, von einer Schätzung der Aufschaltgrößen mittels geeigneter Störgrößenbeobachter auszugehen. Definiert man eine derartige Kompensation als unterste Regelungsebene, verbleibt für den übergeordneten Teil der Regelung von außen gesehen ein in seinem Verhalten von Antriebsnichtlinearitäten entlastetes System, das mit Hilfe verschiedener systemtechnischer Ansätze beeinflußt werden kann, mit dem Ziel, die unter 1 bis 3 aufgeführten Unzulänglichkeiten auszuschalten.

Mit Hilfe von Bild 2.2 soll der beschrittene Weg zur Regelung des in Abschnitt 2.1 vorgestellten Knickarmroboters weiter erläutert werden. Der bereits genannten Kompensation nichtlinearer Antriebseigenschaften ist eine in einem bestimmten Betriebspunkt ausgelegte lineare Mehrgrößenregelung überlagert, die durch Rückführung geeigneter Meßgrößen für eine schnelle Schwenkbewegung und aktive Dämpfung der für die Greiferbewegung relevanten Strukturschwingungen sorgt (vgl. Punkte 1 und 2). Zur Ausregelung von Schleppfehlern (Punkt 3) im betrachteten Betriebspunkt, die auf lineare Systemeigenschaften zurückzuführen sind, ist eine für geeignete Signaltypen auszulegende Führungsgrößenaufschaltung vorgesehen. In gleicher Weise kann die Wirkung von Störkräften auf die Bahngenauigkeit über eine Aufschaltung minimiert werden /Lückel u.a. 1983, Henrichfreise 1985/. Geeignete Schätzwerte für diese Störgrößen sind jedoch häufig nur durch zusätzlichen Meßaufwand und/oder Störgrößenbeobachter zu beschaffen. Im weiteren bleiben für die vorliegende Ausbaustufe des Versuchsstandes ohne Handgelenke und Greifer äußere Störkräfte unberücksichtigt.

Die ebenfalls unter 3 aufgeführten Bahnabweichungen infolge nichtlinearer

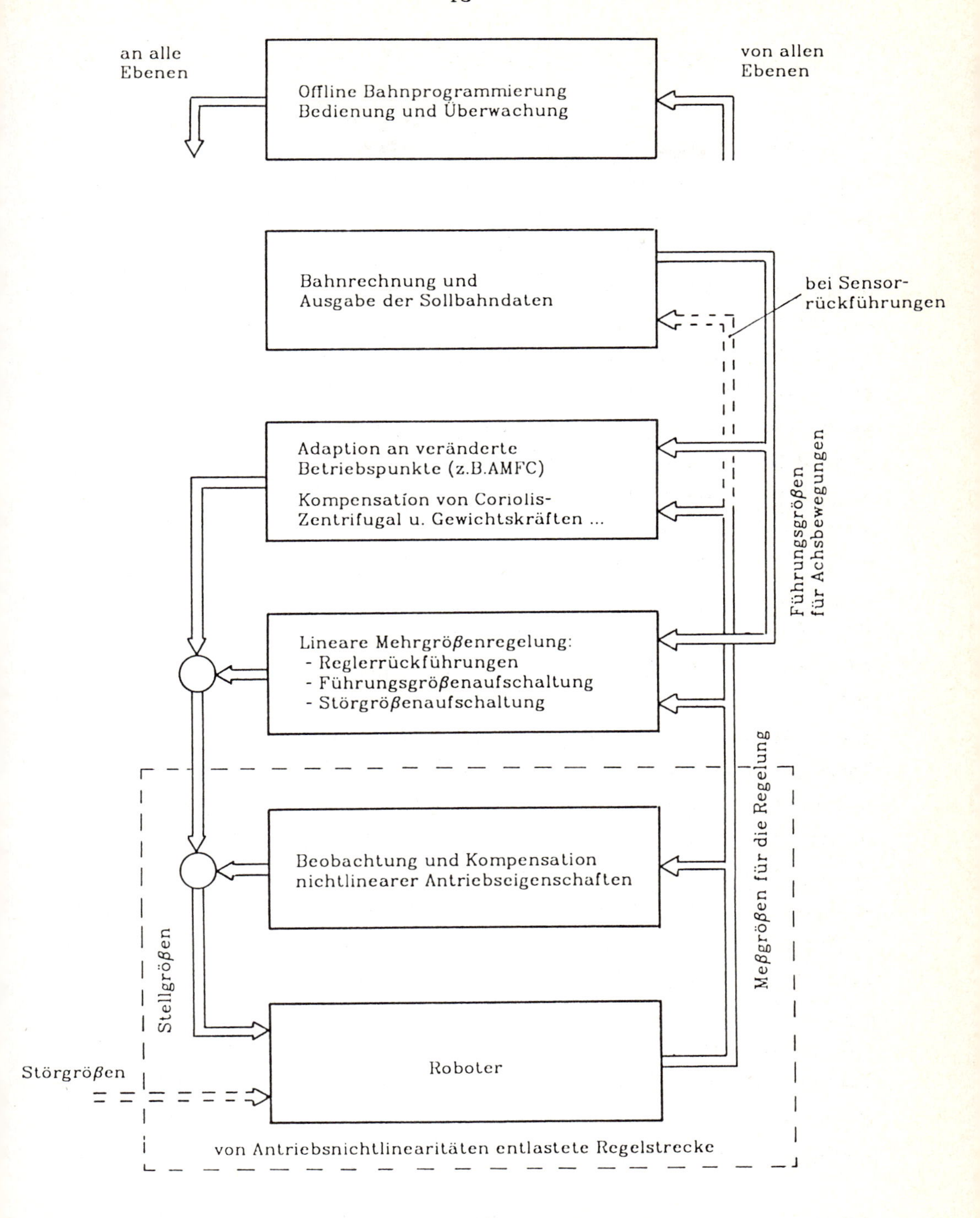

Bild 2.2: Verwendetes Regelungskonzept

Anteile wie Zentrifugal- und Corioliskräfte können wenn erforderlich, nachträglich ohne Veränderung der Regelkreisdynamik durch eine nichtlineare Aufschaltung der Führungsgrößen berücksichtigt werden.

Um das mit Hilfe der bisher angesetzten linearen Regelung für einen bestimmten Betriebspunkt (Auslegungspunkt) und dessen Umgebung erzielte Systemverhalten wenn erforderlich auf den gesamten Arbeitsbereich des IR auszudehnen, kann man eine Adaption des Regelgesetzes (z.B. als Adaptive Model Following Control AMFC /Landau 1979, Fukuda u.a. 1984/) vorsehen. Diese Adaption wirkt z.B. auf das linear geregelte Gesamtsystem und betrachtet die geregelte Strecke im Auslegungspunkt als Referenzsystem. Da die Adaption nicht mehr Bestandteil dieser Arbeit ist, soll es bei den obigen Bemerkungen als Idee für eine Möglichkeit der Betriebspunktanpassung zum beschriebenen Regelungskonzept bleiben.

Ebenso wird die Bahnprogrammierung, Bahnrücktransformation (von Welt- in Roboterkoordinaten) und Online-Ausgabe der Bahndaten als Führungsgrößen auf die Regelung als gegeben vorrausgesetzt und nicht näher beschrieben. Die entsprechenden Grundlagen hierzu sind z.B. in /Paul 1981/ zu finden.

Das Hauptaugenmerk liegt somit auf der Kompensation der nichtlinearen Antriebseigenschaften und dem Entwurf und der Realisierung einer linearen Mehrgrößenregelung. Wesentliche Vorraussetzung für die Wirksamkeit des vorgestellten Regelungskonzeptes ist, um später Überraschungen bei der Realisierung zu vermeiden, die genaue Kenntnis des linearen und nichtlinearen Systemverhaltens. Vor der Modellbildung und dem Entwurf einer Regelung für das Gesamtsystem (Abschnitt 4 und 5) wird daher im folgenden Kapitel am Beispiel des Hochachsantriebes die Modellierung und Kompensation der Antriebsnichtlinearitäten beschrieben. Da die dort vorgestellte Kompensation nur lokal auf den jeweils betrachteten Antrieb wirkt, ist für diesen Teil des Systementwurfes die alleinige Betrachtung des Teilsystems Antriebszweig und die Übertragung der Ergebnisse für die Hochachse auf die anderen Achsen möglich.

3. Modellierung und Kompensation nichtlinearer Antriebseigenschaften

3.1 Modellbildung am Beispiel des Hochachsantriebes

Da wie in Kapitel 2.1 beschrieben jeder Antriebszweig nach gleichem Muster aufgebaut ist, wird im folgenden stellvertretend die Hochachse betrachtet. Für diesen Antriebszweig (bestehend aus einem Gleichstrom-Scheibenläufermotor mit Tachogenerator und einem Harmonic-Drive (HD) Getriebe) wurde bereits in /Henrichfreise 1984, 1985/ eine ausführliche Modellbildung und Identifizierung der linearen und nichtlinearen Systemeigenschaften durchgeführt. Bild 3.1 zeigt das dort zugrunde gelegte physikalische Ersatzmodell der Hochachse (Technische Zeichnung siehe Anhang A, Bild A1). In dieser ersten Stufe des Versuchsaufbaues war am Abtrieb der Hochachse anstelle des Schultergelenkes (vgl. Bild 2.1) als Last ein elastischer massebehafteter Positionierarm mit Endmasse angebracht. Das mathematische Ersatzmodell zu Bild 3.1 wird hier nicht angegeben, da für den Zweck der Beobachtung und Kompensation von Antriebsnichtlinearitäten, wie später deutlich wird, mit einem vereinfachten Modell gearbeitet werden kann. Jedoch sollen am Beispiel des genauen Modells die nichtlinearen Eigenschaften des Antriebes, die Antriebsfreiheitsgrade und ihre Wirkung auf das Bewegungsverhalten diskutiert und Auswirkungen für den späteren Beobachter- und Reglerentwurf sowie Vereinfachungsmöglichkeiten des Antriebsmodells aufgezeigt werden.

Wie Bild 3.1 entnommen werden kann, sind als nichtlineare Eigenschaften Coulombsche Reibmomente an Motor und Getriebe (M_{R2} und M_{R3}) und eine Lose ε zwischen Motor und Getriebe im Modell enthalten. Zusätzlich ist auf der elektrischen Seite durch die übliche Sollstrombegrenzung im Servoverstärker mit analoger Stromregelung das Motormoment M_M begrenzt.

Die Motorreibung M_{R2} kann durch eine Kennlinie gemäß Gleichung (3.1) mit einem exponentiellen Übergangsverhalten von Haft- zu Gleitreibung ausreichend genau nachgebildet werden und ist vom Motormoment abzuziehen.

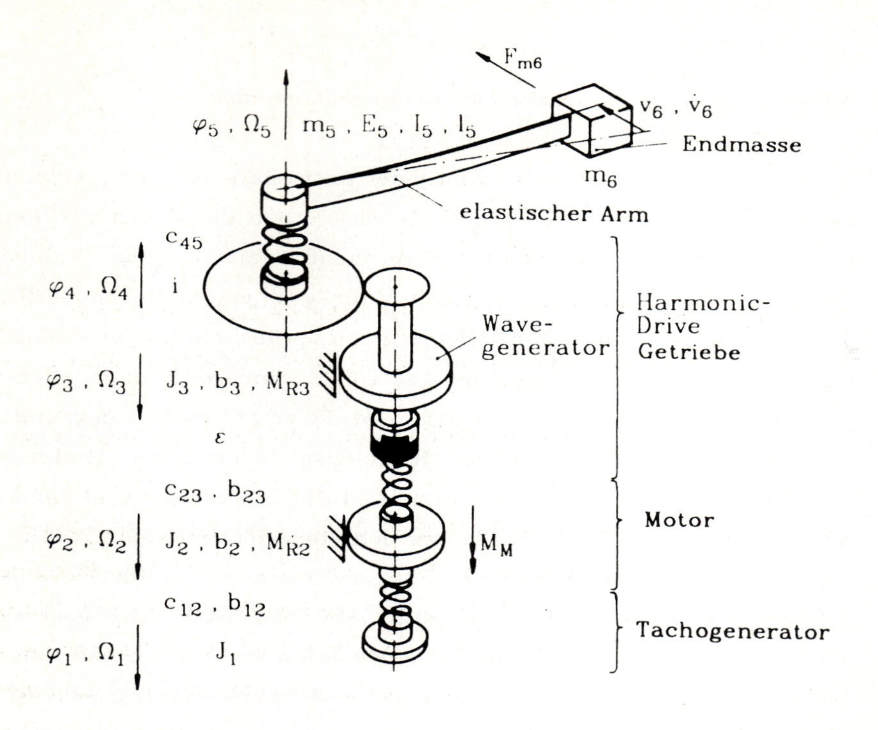

Antriebszweig

M_M	:	Motormoment (Steuereingang)
φ_j, Ω_j	:	Winkel, Winkelgeschw. Masse j
J_j	:	Trägheitsmoment Masse j
b_j	:	Dämpfungskonstante an Masse j
M_{Rj}	:	Coulombsches Reibmoment an Masse j
c_{jk}	:	Federsteifigkeit zwischen Masse j und k
b_{jk}	:	Dämpfungskonstante zwischen Masse j und k
ε	:	Getriebelose
i	:	Getriebeübersetzung

elastischer Positionierarm

F_{m6}	:	Störkraft an der Endmasse
v_6	:	Relativverformung des Positionierarmes
m_5	:	verteilte Masse
E_5	:	Elastizitätsmodul
I_5	:	Flächenträgheitsmoment
l_5	:	Armlänge
m_6	:	Endmasse

Bild 3.1: Physikalisches Ersatzmodell des Hochachsantriebes mit elastischem Positionierarm und Endmasse

$$M_{R2} = \begin{cases} M_{R2\Omega}\,\text{sign}(\Omega_2) & \text{für } \Omega_2 \neq 0 \\ M_{R2\Omega}\,\text{sign}(M_{A2}) & \text{für } \Omega_2 = 0\,,\ |M_{A2}|>M_{R2\Omega} \\ M_{A2} & \text{für } \Omega_2 = 0\,,\ |M_{A2}|<M_{R2\Omega} \end{cases} \tag{3.1}$$

mit

$M_{R2\Omega}$ $= M_{GR2}+(M_{HR2}-M_{GR2})\ e^{-k_{HR2}|\Omega_2|}$

M_{GR2} : Gleitreibung für $\Omega \to \infty$

M_{HR2} : Betrag der maximalen Haftreibung im Losbrechpunkt

M_{A2} : die die freigeschnittene Drehmasse antreibenden Momente (ohne Reibmoment)

k_{HR2} : Konstante für den Übergang von Haft- zu Gleitreibung

Zur Beschreibung der Getriebereibung M_{R3} ist die obige Charakteristik nicht mehr ausreichend. Hier tritt durch die Belastung des Harmonic-Drive-Verzahnungssystems und Wave-Generator-Kugellagers durch Zahnflanken- und Normalkräfte ein zusätzlicher von der Last (dem Getriebeabtriebsmoment M_{45}) abhängiger Gleit- und Rollreibungsanteil auf, der folgendermaßen modelliert wird:

$$M_{LR3} = \mu(\Omega_3) * |M_{45}| \tag{3.2}$$

mit

$$M_{45} = c_{45}(\varphi_5-\varphi_4) \quad ,$$

$$\mu(\Omega_3) = \mu_0 * \frac{M_{R3\Omega}}{M_{GR3}}\ ; \quad \mu_0=\text{const.} \quad .$$

Der Faktor μ_0 gibt die proportionale Abhängigkeit der lastabhängigen Getriebereibung vom Betrag des Lastmomentes M_{45} wieder. Da die lastabhängige und lastunabhängige Reibung am gleichen Bauelement (dem Wave-Generator) auftreten, besitzen sie ein identisches Übergangsverhalten mit der Winkelgeschwindigkeit, was in (3.2) durch das Verhältnis $M_{R3\Omega}/M_{GR3}$

ausgedrückt wird. Zur Berechnung des gesamten am Wave-Generator wirksammen Reibmomentes kann zunächst $M_{R3\Omega}$ nach (3.1) (mit Index 3 für Getriebe) ermittelt und damit M_{LR3} mit (3.2) berechnet werden, und folgt schließlich aus der Fallunterscheidung (3.1) mit der Summe $M_{R3\Omega}+M_{LR3}$ anstelle von $M_{R3\Omega}$ die Getriebereibung M_{R3}.

Bild 3.2 zeigt die Bedeutung der Modellierung der lastabhängigen Reibung für eine gute Übereinstimmung von Modell und Wirklichkeit. Dargestellt sind eine am Versuchsstand gemessene Sprungantwort sowie mit und ohne lastabhängigem Reibmoment simulierte Sprungantworten der Tachowinkelgeschwindigkeit Ω_1 für einen Sollsprung auf das drehzahlgeregelte Antriebssystem. Die physikalischen Parameter des Modells lagen aus einer vorangehenden Identifizierung vor /Henrichfreise 1984/.

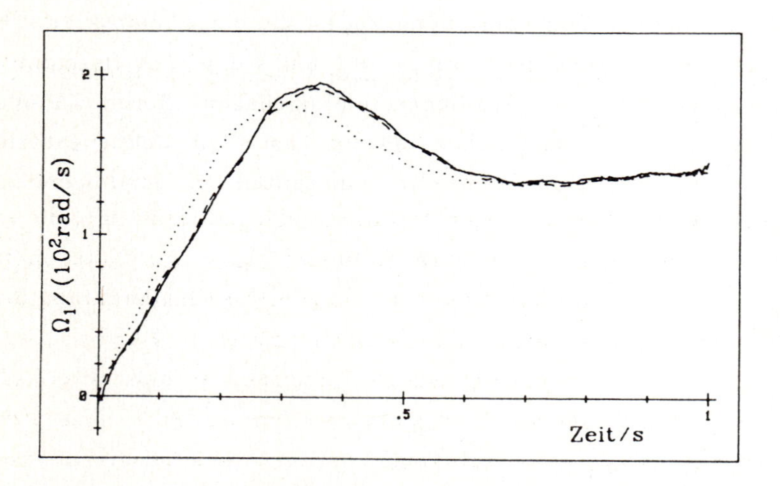

Bild 3.2: Sprungantwort des drehzahlgeregelten Hochachsantriebes mit elastischem Positionierarm und Endmasse
——— Messung am Laborversuchsstand
······· Simulation *ohne* lastabhängige Getriebereibung
- - - - Simulation *mit* lastabhängiger Getriebereibung

Genauere experimentelle Untersuchungen zur Bestimmung der Quelle der Lose ε im HD Getriebe ergaben, daß diese hauptsächlich durch die Oldham-Kupplung im Wave-Generator hervorgerufen wird. Folglich ist sie im Modell in

Reihe mit der elastischen Kopplung c_{23} von Motor und Getriebe zu finden. Im Bereich von Nulldurchgängen für die Winkeldifferenz $\varphi_2 - \varphi_3$ zwischen Wave-Generator und Motor bewirkt die Lose ein Verschwinden des Federmomentes M_{23}, so daß sich zusammen mit c_{23} betrachtet sofort eine formelmäßige Beschreibung der Lose in Form eines "Fehlmomentes" für die Feder, das weiterhin auch als "Losemoment" bezeichnet wird, ergibt:

$$M_{23} = c_{23}(\varphi_2 - \varphi_3) + M_\varepsilon \quad , \tag{3.3a}$$

$$M_\varepsilon = \begin{cases} c_{23}\ \varepsilon & \text{für } (\varphi_2 - \varphi_3) \leq -\varepsilon \\ -c_{23}(\varphi_2 - \varphi_3) & \text{für } |\varphi_2 - \varphi_3| < \varepsilon \\ -c_{23}\ \varepsilon & \text{für } (\varphi_2 - \varphi_3) \geq \varepsilon \end{cases} \tag{3.3b}$$

mit

M_{23} : von Feder und Lose gemeinsam übertragenes Moment

M_ε : Losemoment

Obwohl beim eingesetzten Getriebetyp (Genauigkeitsklasse BL1) die Lose mit 0.00727 rad sehr klein ist, ist ihre Einbeziehung in die Modellbildung des Antriebszweiges zur Untersuchung der beabsichtigten Beobachtung und Kompensation der nichtlinearen Antriebseigenschaften zunächst doch angebracht. Neuere Entwicklungen von HD Getrieben weisen durch genauere Oldham-Kupplungen eine noch geringere Lose und mit Wave-Generator-Typen ohne Oldham-Kupplung praktisch keine Lose mehr auf. Damit würde dann die Modellierung von Lose entfallen, und läge das Augenmerk allein auf einer geeigneten Kompensation der Antriebsreibmomente.

Um den Anteil der einzelnen Freiheitsgrade am elastischen Bewegungsverhalten des Antriebszweiges zu verdeutlichen, dient der Frequenzgang in Bild 3.3, der die folgenden charakteristischen Stellen aufweist:

- Eine im wesentlichen durch die abtriebsseitigen Elastizitäten und Trägheitsmomente bedingte, schwach gedämpfte Tilgungs- und Resonanzstelle zur Grundschwingung mit $\omega = 69.8\ s^{-1}$,
- die einer gegenphasigen Schwingung der Motor- und Getriebemasse zuzuordnende gut gedämpfte Tilgung und Resonanz bei $842\ s^{-1}$ sowie
- die hochfrequente fast völlig vom Restsystem entkoppelte Tachoschwingung bei $5835\ s^{-1}$.

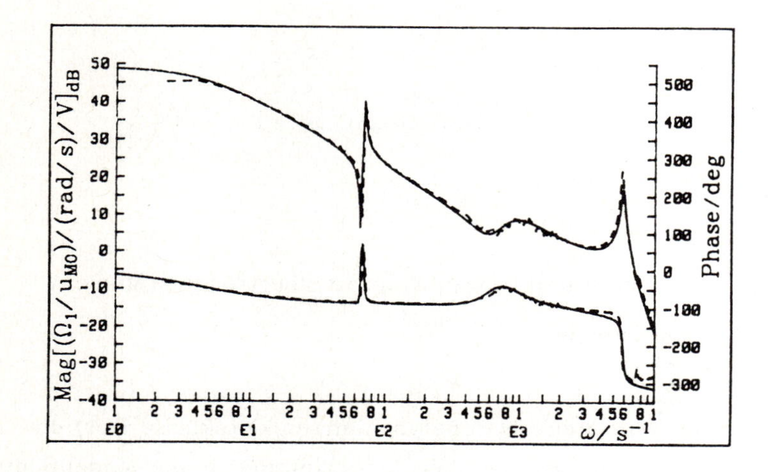

Bild 3.3: Frequenzgang "Tachowinkelgeschwindigkeit / Motorstromsollwert" für Hochachsantrieb mit elastischem Positionierarm und Endmasse
- - - - Messung ——— Rechnung

Trotz der hohen Frequenz darf die Tachoresonanz wegen ihrer Ausgeprägtheit und der damit verbundenen Gefahr von Eigenwertspillover † /Balas 1978/ im geregelten System nicht ohne weiteres vernachlässigt werden. Es ist jedoch wegen ihrer fast vollständigen Entkopplung und damit Unabhängigkeit vom übrigen System möglich und wird bei der späteren

† Durch eine Regelung bewirkte Instabilität von Eigenwerten, die real vorhanden, aber nicht im Modell enthalten sind oder zwar im Modell enthalten sind, beim Entwurf der Regelung aber nicht geeignet berücksichtigt werden.

Reglerrealisierung praktiziert, die Resonanzstelle durch geeignete Filterung (Notch-Filter) in den betroffenen Meßsignalen aufzuheben und danach beim Beobachter- und Reglerentwurf, durch betrachten von Tacho und Motor als eine zusammengefaßte Massenträgheit, nicht weiter zu berücksichtigen. Das Schwingungspolpaar bleibt im wirklichen Antriebszweig erhalten und wird vom Eingangssignal M_M aus angeregt, ist aber aufgrund der durch die Filterung unterbrochenen Rückführung seines Signalanteils durch eine Regelung nicht mehr verschiebbar.

Die Bedeutung der tieferfrequenten Antriebsschwingung mit gegenphasiger Bewegung von Motor und Wave-Generator für den Systementwurf ist, besonders mit Blick auf die beabsichtigte Kompensation nichtlinearer Antriebseigenschaften, nicht so offensichtlich. Mit Spillover der dieser Schwingung zuzuordnenden Eigenwerte ist wegen der durch die relativ hohe Dämpfung gegebenen Stabilitätsreserve allerdings nicht zu rechnen.

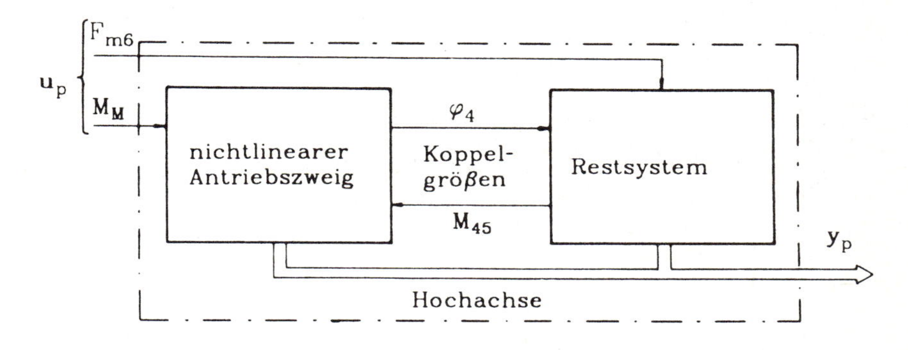

$\mathbf{u}_p$: Eingangsvektor
$\mathbf{y}_p$: Ausgangsvektor

Bild 3.4: Aufteilung der Hochachse in einen nichtlinearen Antriebszweig und ein Restsystem

Die obige Darstellung der Anteile der einzelnen Freiheitsgrade am Bewegungsverhalten des betrachteten Antriebes der Hochachse (stellvertretend für alle Antriebe) ermöglicht im folgenden Kapitel entsprechende Vereinfachungen des Modells zur Auslegung eines Störgrößenbeobachters und einer Aufschaltung für nichtlineare Antriebseigenschaften. Bild 3.4 gibt die

Aufteilung der Hochachse in einen nichtlinearen Antriebszweig und ein Restsystem, mit den Koppelgrößen Winkel und Drehmoment am Getriebeabtrieb, wieder. Geht man von der Meßbarkeit der Eingangsgrößen M_M und M_{45} in den nichtlinearen Antrieb aus, läßt sich mit den Meßausgangsgrößen des Antriebes eine lokal auf der "Antriebsebene" arbeitende Störgrößenkompensation auslegen, wie im folgenden Abschnitt beschrieben wird.

3.2 Beobachtung und Kompensation nichtlinearer Eigenschaften

Nach Diskussion der nichtlinearen Eigenschaften und Freiheitsgrade der Antriebszweige am Beispiel des Hochachsantriebes werden am physikalischen Ersatzmodell Bild 3.1 die folgenden Vereinfachungen vorgenommen:

- Vernachlässigung der sehr kleinen Zeitkonstanten der elektrischen Antriebsanteile (Servoverstärker mit integrierter analoger Stromregelung).

- Zusammenfassen von Motor und Tachogenerator zu einem gemeinsamen Massenträgheitsmoment.

- Ersatz aller abtriebsseitigen Elastizitäten und Trägheitsmomente durch ein einfaches, auf die Antriebswelle umgerechnetes Feder-Masse-System.

Diese Maßnahmen sind bei entsprechender Filterung der von der Tachoresonanz betroffenen Signale und wegen der Betrachtung eines Teilsystembeobachters für den Antrieb (vgl. Kapitel 3.1) ohne Einfluß auf die auszulegende Kompensation. Das resultierende vereinfachte Ersatzmodell zeigt Bild 3.5 . Durch Aufteilung des Modells gemäß Bild 3.4 ergeben sich zwei Differentialgleichungssysteme für den Antrieb und die Last, die über den Winkel und die Winkelgeschwindigkeit des Getriebes φ_G, Ω_G vom Getriebe zur

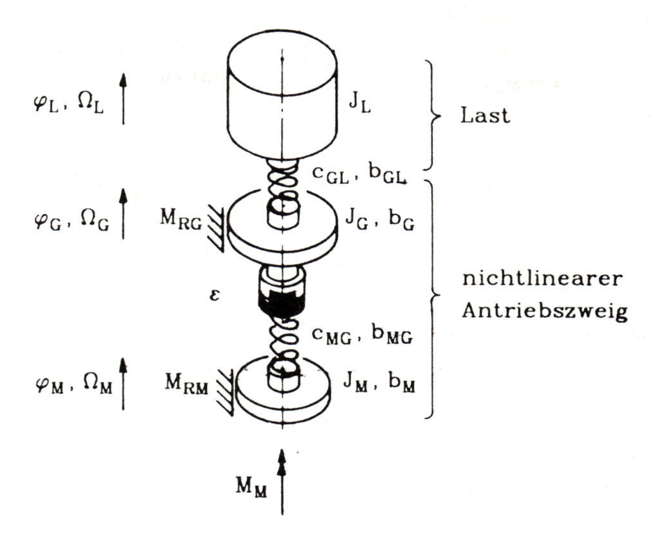

Bild 3.5: Vereinfachtes physikalisches Ersatzmodell für den Antriebszweig mit elastisch gekoppeltem Lastträgheitsmoment

Last und in umgekehrter Richtung über das Lastmoment M_{GL}, das in Bild 3.4 dem Moment M_{45}/i entspricht (vgl. auch Bild 3.1), gekoppelt sind.

Für den Antriebszweig (Index 1) erhält man die Zustandsdifferentialgleichung:

$$\dot{\mathbf{x}}_{p1} = \mathbf{A}_{p1}\mathbf{x}_{p1} + \mathbf{B}_{pc1}\mathbf{u}_{pc1} + \mathbf{B}_{pe1}\mathbf{u}_{pe1}$$

$$= \begin{bmatrix} 0 & 1 & 0 & 0 \\ -\frac{c_{MG}}{J_M} & -\frac{(b_M+b_{MG})}{J_M} & \frac{c_{MG}}{J_M} & \frac{b_{MG}}{J_M} \\ 0 & 0 & 0 & 1 \\ \frac{c_{MG}}{J_G} & \frac{b_{MG}}{J_G} & -\frac{c_{MG}}{J_G} & -\frac{(b_{MG}+b_G)}{J_G} \end{bmatrix} \begin{bmatrix} \varphi_M \\ \Omega_M \\ \varphi_G \\ \Omega_G \end{bmatrix} + \begin{bmatrix} 0 & 0 \\ \frac{1}{J_M} & 0 \\ 0 & 0 \\ 0 & \frac{1}{J_G} \end{bmatrix} \begin{bmatrix} M_M \\ M_{GL} \end{bmatrix}$$

$$+ \begin{bmatrix} 0 & 0 \\ \frac{-1}{J_M} & 0 \\ 0 & 0 \\ 0 & \frac{-1}{J_G} \end{bmatrix} \begin{bmatrix} M_{RM}+M_\varepsilon \\ M_{RG}-M_\varepsilon \end{bmatrix} . \tag{3.4a}$$

Bei Messung von Motorwinkel und -winkelgeschwindigkeit lauten die zugehörigen Ausgangsgleichungen:

$$\mathbf{y}_{pm1} = \mathbf{C}_{pm1}\mathbf{x}_{p1}$$

$$\begin{bmatrix} \varphi_M \\ \Omega_M \end{bmatrix} = \begin{bmatrix} 1 & 0 & 0 & 0 \\ 0 & 1 & 0 & 0 \end{bmatrix} \mathbf{x}_{p1} . \tag{3.4b}$$

Die Zustandsdarstellung für die Last (Index 2) ergibt sich mit den Me*ß*ausgangsgleichungen für das Lastmoment und die Zustandsgrö*ß*en zu:

$$\dot{\mathbf{x}}_{p2} = \mathbf{A}_{p2}\mathbf{x}_{p2} + \mathbf{B}_{pc2}\mathbf{u}_{pc2}$$

$$= \begin{bmatrix} 0 & 1 \\ -\frac{c_{GL}}{J_L} & -\frac{b_{GL}}{J_L} \end{bmatrix} \begin{bmatrix} \varphi_L \\ \Omega_L \end{bmatrix} + \begin{bmatrix} 0 & 0 \\ \frac{c_{GL}}{J_L} & \frac{b_{GL}}{J_L} \end{bmatrix} \begin{bmatrix} \varphi_G \\ \Omega_G \end{bmatrix} , \tag{3.4c}$$

$$\mathbf{y}_{pm2} = \mathbf{C}_{pm2}\mathbf{x}_{p2} + \mathbf{D}_{pmc2}\mathbf{u}_{pc2}$$

$$\begin{bmatrix} M_{GL} \\ \varphi_L \\ \Omega_L \end{bmatrix} = \begin{bmatrix} c_{GL} & b_{GL} \\ 1 & 0 \\ 0 & 1 \end{bmatrix} \mathbf{x}_{p2} + \begin{bmatrix} -c_{GL} & -b_{GL} \\ 0 & 0 \\ 0 & 0 \end{bmatrix} \mathbf{u}_{pc2} . \tag{3.4d}$$

Dabei kennzeichnet der Index 'p' die Zugehörigkeit der Gleichungen (3.4) zur Regelstrecke (plant), die Indices 'c' und 'e' teilen die Eingangsgrö*ß*en in Steuereingänge (control) und Eingänge mit Führungs- und Störanregungen (exitation) auf. Der Index 'm' (measurement) in den Ausgangsgleichungen gibt an, daß es sich bei den entsprechenden Ausgangsgrößen um gemessene Größen handelt. Später werden die Ausgangsgleichungen noch um interessierende Größen zur Information und zur Verfolgung einer bestimmten Entwurfsstrategie (Index o für objective) erweitert. Analog sind die auftretenden Matrizen entsprechend ihrer Verknüpfung mit den beschriebenen Ein- und Ausgangsgößen mit passenden Indices versehen (siehe auch /Lückel u.a. 1983/).

Die Zustandsdarstellung der gesamten Regelstrecke erhält man leicht durch Einsetzen von M_{GL} aus (3.4d) in (3.4a) und Zusammenfassen der Einzelzustandsgleichungen zu einer gesamten Darstellung.

Aus Gleichungen (3.4) wird nochmals die Wirkung der nichtlinearen Eigenschaften Reibung und Lose allein auf den Antrieb deutlich. Für ein weiters Vorgehen kann man nun, wie bereits in Gleichung (3.4a) durch die Abspaltung des nichtlinearen Terms angedeutet, die Ausdrücke $M_{RM}+M_\varepsilon$ und $M_{RG}-M_\varepsilon$, die nach Gleichungen (3.1) bis (3.3) Funktionen der Zustands- und Eingangsgrößen des Antriebes sind, als unbekannte Störmomente auffassen und für den Entwurf eines Beobachters ihre Charakteristika durch geeignete Anregungsmodelle mit zufälligen Anfangsbedingungen nachbilden:

$$\dot{\mathbf{x}}_e = \mathbf{A}_e \mathbf{x}_e \quad , \tag{3.5a}$$

$$\mathbf{y}_e = \mathbf{C}_e \mathbf{x}_e \quad , \tag{3.5b}$$

$$\mathbf{u}_{pe1} \approx \mathbf{y}_e \tag{3.5c}$$

$\approx$ Näherung für Störmomente aus Reibung und Lose siehe Gleichung (3.4a) .

Die um das Störmodell erweiterten Gleichungen des Antriebszweiges, mit Index 'a' (augmented) zur Kennzeichnung des erweiterten Systems, stellen die Grundlage zum Entwurf eines Teilsystembeobachters für die unbekannten Störmomente aus Reibung und Lose dar:

$$\dot{\mathbf{x}}_a = \mathbf{A}_a\mathbf{x}_a + \mathbf{B}_{pca}\mathbf{u}_{pc1}$$

$$= \begin{bmatrix} \mathbf{A}_{p1} & \mathbf{B}_{pe1}\mathbf{C}_e \\ \mathbf{0} & \mathbf{A}_e \end{bmatrix} \begin{bmatrix} \mathbf{x}_{p1} \\ \mathbf{x}_e \end{bmatrix} + \begin{bmatrix} \mathbf{B}_{pc1} \\ \mathbf{0} \end{bmatrix} \mathbf{u}_{pc1} \quad , \qquad (3.6a)$$

$$\begin{bmatrix} \mathbf{y}_{am} \\ \mathbf{y}_{ao} \end{bmatrix} = \begin{bmatrix} \mathbf{C}_{am} \\ \mathbf{C}_{ao} \end{bmatrix} \mathbf{x}_a = \begin{bmatrix} \mathbf{C}_{pm1} & \mathbf{0} \\ \mathbf{0} & \mathbf{C}_e \end{bmatrix} \mathbf{x}_a \quad . \qquad (3.6b)$$

Der Vektor $\mathbf{y}_{am}$ faßt dabei die im erweiterten System meßbaren (augmented,measurement) und $\mathbf{y}_{ao}$ die interessierenden (objective) Ausgangsgrößen zusammen. Aus der Struktur von Gleichungen (3.6) läßt sich sofort entnehmen, daß der Zustand des Anregungsmodells nicht steuerbar ist. Er wird jedoch durch die Wahl geeigneter Meßgrößen als beobachtbar vorausgesetzt. Ebenso seien die Zustandsgrößen des Antriebszweiges als Voraussetzung für den Regler- und Beobachterentwurf steuerbar und beobachtbar.

Wegen der in weiten Bereichen konstanten bzw. langsam veränderlichen Charakteristik der Verläufe von $M_{RM}+M_\varepsilon$ und $M_{RG}-M_\varepsilon$ bieten sich für die Störanregung grenzstabile Integratormodelle an. Die Untersuchung der Beobachtbarkeit des Störmodells zeigt jedoch, daß mit den verfügbaren Messungen aus (3.4b) nur die Zustände zu einem Element von $\mathbf{y}_e=\mathbf{y}_{ao}$ beobachtbar sind /Ackermann u.a. 1986/. Dieser Sachverhalt ist auf die fehlende Messung des Getriebewinkels φ_G zurückzuführen. Für die Schätzung der beobachtbaren Zustandsgrößen des Störmodells ist, sobald sich das System in Ruhe befindet, die Messung des Motorwinkels φ_M entscheidend. Dieses ist auf die im Ruhezustand hohe Empfindlichkeit der zu beobachtenden Verläufe gegenüber Störungen im analog gemessenen Geschwindigkeitssignal Ω_M zurückzuführen /Neumann 1986/. Die alleinige Messung der Geschwindigkeit wäre nur im drehzahlgeregelten Fall /Weihrich 1978/ ausreichend.

Um trotz eingeschränkter Beobachtbarkeit (s.o.) eine brauchbare Schätzung der nichtlinearen Störmomente zu erhalten, wird für das am Motor wirksame Element von $\mathbf{y}_e$ ein einzelnes Anregungsmodell angesetzt. Am Ausgang dieses Modells liegt später im Beobachter ein Schätzwert der Momente in der Art vor, wie sie sich auf die Motorbewegung auswirken. Da die Schätzung ungefähr die Summe der Störungen an Motor und Getriebe bildet, geht durch den Ansatz eines einzelnen Störmodells Information über das Losemoment verloren (siehe Gleichung (3.4a)), so daß im wesentlichen nur die Summe der Reibmomente beobachtet wird. Aufgrund der im Vergleich zur Reibung untergeordneten Bedeutung der Lose auf das Systemverhalten, ist aber dadurch keine gravierende Beeinträchtigung der Störgrößenbeobachtung und -aufschaltung gegeben, wie später Simulationsergebnisse zeigen werden. Im weiteren wird daher in diesem Zusammenhang von einer Beobachtung der Reibmomente gesprochen.

Setzt man für die beschriebene summarische Reibmomentenbeobachtung am Motor als Anregungsmodell einen Integrator (grenzstabiles System erster Ordnung) an, ergibt sich aus Gleichungen (3.6) folgende erweiterte Zustandsdarstellung des Antriebszweiges:

$$\frac{d}{dt}\begin{bmatrix} \varphi_M \\ \Omega_M \\ \varphi_G \\ \Omega_G \\ \hline x_e \end{bmatrix} = \left[\begin{array}{c|c} & 0 \\ & -1/J_M \\ \mathbf{A}_{p1} & 0 \\ & 0 \\ \hline \mathbf{0}^T & 0 \end{array}\right] \begin{bmatrix} \varphi_M \\ \Omega_M \\ \varphi_G \\ \Omega_G \\ \hline x_e \end{bmatrix} + \left[\begin{array}{c} \mathbf{B}_{pc1} \\ \hline \mathbf{0}^T \end{array}\right] \begin{bmatrix} M_M \\ M_{GL} \end{bmatrix} , \qquad (3.7a)$$

$$\begin{bmatrix} \varphi_M \\ \Omega_M \\ \hline M_R \end{bmatrix} = \left[\begin{array}{c|c} \mathbf{C}_{pm1} & \mathbf{0} \\ \hline \mathbf{0}^T & 1 \end{array}\right] \mathbf{x}_a \quad . \qquad (3.7b)$$

Die Beobachtergleichungen für das erweiterte Teilsystem lauten mit Gleichungen (3.6) und '^' zur Kennzeichnung geschätzter Größen:

$$\dot{\hat{\mathbf{x}}}_a = (\mathbf{A}_a - \mathbf{K}_0 \mathbf{C}_{am})\hat{\mathbf{x}}_a + \mathbf{B}_{pca}\mathbf{u}_{pc1} + \mathbf{K}_0 \mathbf{y}_{pm1} \quad , \qquad (3.8a)$$

$$\hat{\mathbf{y}}_{ao} = \mathbf{C}_{ao}\hat{\mathbf{x}}_a \quad . \qquad (3.8b)$$

Die Berechnung der Matrix K_O der Beobachterverstärkungen (Index O für Observer) und damit die Festlegung der Beobachterdynamik geschieht über den Entwurf eines Kalman-Filters für das erweiterte System (3.7), das auf den rechten Seiten um entsprechende unkorrellierte Prozesse mittelwertfreien weißen Rauschens für die Zustands- und Meßgrößen zu ergänzen ist /Kwakernaak u.a. 1972, Frühauf 1985/. Mit den in Anhang B, Tabelle B1 angegebenen physikalischen Parametern zu Gleichungen (3.4) und (3.7) erhält man die in Tabelle 3.1 aufgeführten Eigenwerte des erweiterten Antriebs-Teilsystems und des entworfenen Beobachters. Als Entwurfskriterium stand eine auch für schnelle, im Extremfall sprungförmige Sollwertverläufe gute Schätzung der Summe $\hat{M}_R$ der Reibmomente im Fordergrund. Dabei ist u.a. zu berücksichtigen, daß bei der geplanten digitalen Realisierung der Regelung erfahrungsgemäß mit einer mehr oder weniger stark verrauschten Stellgröße M_M in die Regelstrecke zu rechnen ist. Bei weiterhin gestörter und schlecht aufgelöster Messung des Abtriebsmomentes M_{GL} resultieren hieraus die in Anhang B, Tabelle B2 angegebenen Intensitäten der Rauschprozesse und nach Tabelle 3.1 schnellen Beobachtereigenwerte.

Antriebmodell	Beobachter
0	
0	-387.19 ± j 357.21
-1.5056	-533.78
-351.25 ± j 765.91	-739.18 ± j 961.47

Tabelle 3.1: Eigenwerte des erweiterten Antriebsmodells und Antriebsbeobachters

Der Schätzwert $\hat{y}_{ao}=\hat{M}_R$ kann nun, wegen der relativ starren Kopplung von Motor und Getriebe unter Vernachlässigung dynamischer Anteile zwischen dem Steuereingang und dem Störeingriff der Reibungen, in Form einer statischen Aufschaltung /Ackermann u.a. 1986/ zur Kompensation des Einflusses der Reibmomente auf das Motormoment addiert werden. Die Wirkung dieser Aufschaltung soll im folgenden für das geregelte nichtlineare Antriebssystem (Gleichungen (3.4a-c) mit (3.1-3.3)) gezeigt werden. Zu diesem Zweck dient als Regelung eine Ausgangsvektorrückführung

$$y_c=\mathbf{k}_c^T\,(\mathbf{u}_{cr}-\mathbf{y}_{pm}) \tag{3.9}$$

mit

$\mathbf{k}_c^T=[k_{\varphi M},k_{\Omega M},0,k_{\varphi L},k_{\Omega L}]$,

$\mathbf{y}_{pm}=[\varphi_M,\Omega_M,M_{GL},\varphi_L,\Omega_L]^T$,

$\mathbf{u}_{cr}=[\varphi_{Mr},\mathbf{0}^T]^T$.

In (3.9) ist y_c die Ausgangsgröße des Reglers (Index c für controller), die auf das Motormoment M_M geschaltet wird, $\mathbf{k}_c^T$ der Zeilenvektor der Rückführverstärkungen für die Elemente des zusammengefaßten Meßvektors $\mathbf{y}_{pm}$ aus (3.4) und $\mathbf{u}_{cr}$ der Führungsgrößenvektor (Index r für reference) in den Regler, der hier nur einen Sollwert für den Motorwinkel enthält. Das Abtriebsmoment M_{GL} bleibt in der Reglerrückführung wegen seiner gestörten und schlecht aufgelösten Messung unberücksichtigt und dient allein als Steuereingang in den Antriebsbeobachter. Die Eigenwerte der durch Weglassen der nichtlinearen Anteile linearisierten Regelstrecke mit und ohne Regelung sind der Tabelle 3.2 zu entnehmen. Im Anhang B, Tabelle B3, findet man die zugehörigen Reglerverstärkungen.

Strecke ungeregelt	Strecke geregelt
0 -1.2637 -0.7738 ± j 70.604 -348.72 ± j 767.45	-20.330 ± j 21.494 -47.508 ± j 53.645 -414.67 ± j 724.08

Tabelle 3.2: Eigenwerte der ungeregelten und geregelten Strecke ohne Beobachter.

Um die Struktur der angesetzten Regelung und Störgrößenaufschaltung nochmals zu verdeutlichen, gibt Bild 3.6 analog zu Bild 2.2 die Zusammenschaltung der nichtlinearen Regelstrecke, des Teilsystembeobachters für den Antrieb und der Ausgangsvektorrückführung an.

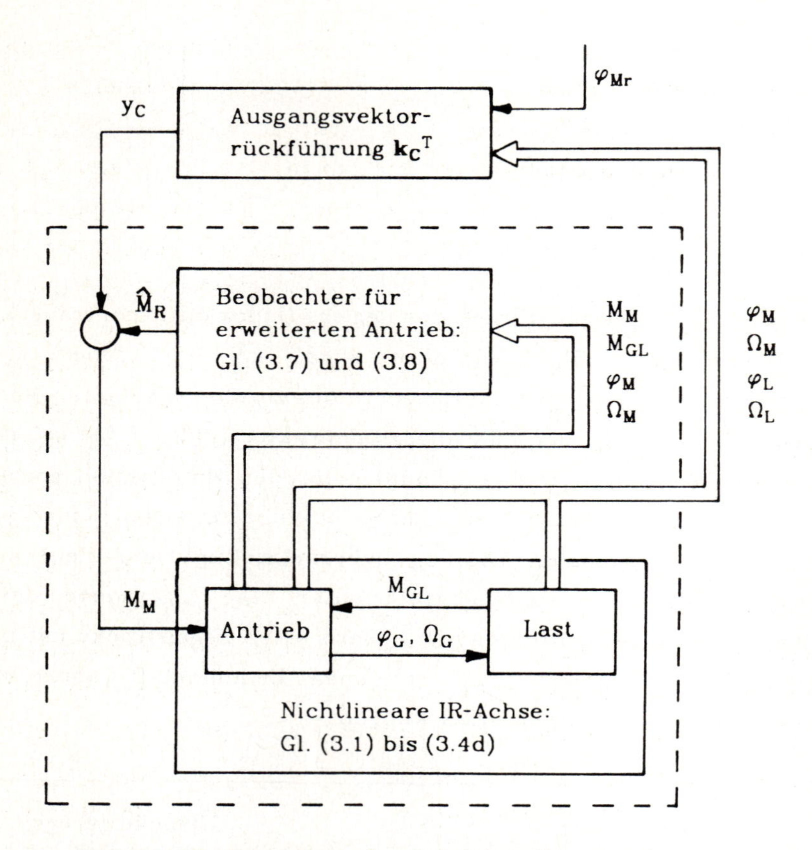

Bild 3.6: Kompensation der Antriebsreibmomente und Regelung am Beispiel einer IR-Achse

Zur Vermeidung gemeinsam durch die Lose (vgl. Bild 3.5) und Reibmomentenaufschaltung möglicher, nichtlinearer Grenzschwingungen, die vereinzelt um stationäre Ruhelagen des Systems auftraten, wird zusätzlich eine Abkopplung der Aufschaltung der geschätzten Reibmomente gemäß

$$M_{Auf} = \begin{cases} \hat{M}_R & \text{für } |\hat{M}_R| \geq \delta \\ 0 & \text{für } |\hat{M}_R| < \delta \end{cases} \quad , \; 0 < \delta < M_{HRM} \qquad (3.10)$$

mit M_{HRi} aus Gleichung (3.1) vorgenommen.

Wird auf das nach Bild 3.6 verkoppelte System mit dem Abschaltmechanismus (3.10) ein Lagesprung von φ_{Mr}= 0.1 rad geschaltet, stellen sich die in den Bildern 3.7 gezeigten Zeitverläufe für den Abtriebswinkel φ_A sowie die tatsächlichen und beobachteten Reibmomente (M_{RM}+M_{RG} und $\hat{M}_R$), die eine gute Übereinstimmung zeigen, ein. Am Beispiel des Abtriebswinkels, der sich aus dem lastseitigen Winkel φ_L (Bild 3.5) durch Division mit der Getriebeuntersetzung i (Bild 3.1) berechnet und eine Vorstellung über die wirkliche abtriebsseitige Lageänderung geben soll, wird der Vergleich zwischen der geregelten nichtlinearen Strecke mit Reibmomentenaufschaltung, ohne Aufschaltung und der geregelten linearen Strecke ohne Reibung und Lose dargestellt. Die gute Annäherung des nichtlinearen Systems mit Beobachtung und Aufschaltung der Reibmomente an das lineare System belegt die Wirksamkeit der Kompensation der Antriebsreibmomente. Der ohne Aufschaltung deutliche stationäre Lagefehler durch Haftenbleiben der Antriebsmassen ist praktisch eliminiert. Die Schwingung im Reibverlauf ist auf eine Restschwingung der Masse J_L und die Lastabhängigkeit der Getriebereibung (Gleichung (3.2)) zurückzuführen. Grund für die geringe Ablage des geschätzten vom wirklichen Reibmomentenverlauf ist die im Beobachter nicht modellierte Lose in der Regelstrecke. Diese Ablage bewirkt in Bild 3.7a im wesentlichen die Differenz zwischen dem kompensierten und linearen System. Durch eine Verbesserung oder einen geeigneten Ersatz der Oldham-Kupplung im HD Getriebe kann die Lose jedoch praktisch eliminiert (vgl. Kapitel 3.1) und eine fast vollständige Ausschaltung der Einflüsse nichtlinearer Antriebseigenschaften erreicht werden.

Eine allgemeinere und ausführlichere Abhandlung der hier nur kurz gestreiften Reibmomentenbeobachtung und -aufschaltung ist in /Ackermann u.a. 1986, Ackermann 1988/ zu finden, die analytische Aussagen zur Aufschaltung und stationären Genauigkeit mit und ohne Aufschaltung enthält.

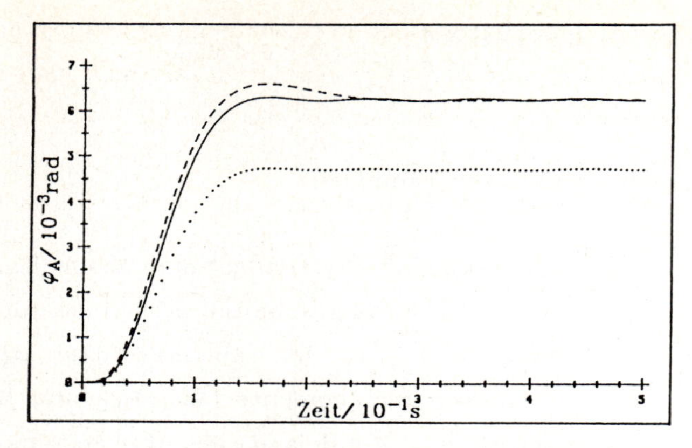

Bild 3.7a: Sprungantwort des Abtriebswinkels $\varphi_A = \varphi_L / i$
······· nichtlineare Strecke *ohne* Reibmomentenkompensation
——— nichtlineare Strecke *mit* Reibmomentenkompensation
– – – lineare Strecke ohne Reibung und Lose

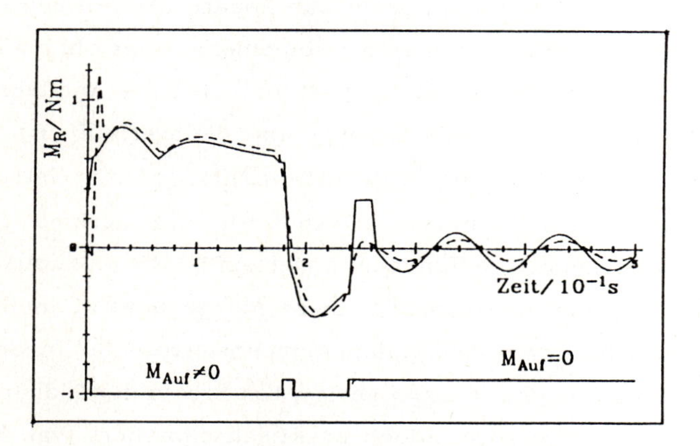

Bild 3.7b: Reibmomentenverläufe mit Kompensation
——— Summe der Antriebsreibmomente $M_{RM} + M_{RG}$
– – – Geschätzter Reibungsverlauf $\widehat{M}_R$

Nach Berücksichtigung der Elastizität und Lose zwischen Motor- und Getriebe bei der Beobachtung und Kompensation der Antriebsreibmomente, erfolgt für den Regelungsentwurf am Gesamtsystem eine weitere Vereinfachung der Modellierung des Antriebszweiges. Wie schon für den Tacho und Motor geschehen, werden nun die Trägheitsmomente von Motor und Getriebe zu einem Trägheitsmoment zusammengefaßt. Aufgrund der Separationseigenschaft der Eigenwerte des Teilsystembeobachters für den Antrieb und des geregelten Gesamtsystems, können durch die Verwendung des genauen Modells für den Beobachter bei der späteren Realisierung keine Stabilitätsprobleme auftreten. Der Entwurf einer Regelung kann ohne Berücksichtigung des Beobachters unter der Annahme eines reibungsfreien, vereinfachten Gesamtsytems erfolgen. Mit Spillover der durch die Vereinfachung vernachlässigten Streckeneigenwerte im realen System ist wegen ihrer hohen Dämpfung nicht zu rechnen.

4. Modellbildung für das dreiachsige Gesamtsystem

Nach Abhandlung der Antriebsnichtlinearitäten in Abschnitt 3.2 wird zur Synthese einer Regelung für das Gesamtsystem ein mathematisches Modell des kompletten Versuchsstandes aus Abschnitt 2.1 benötigt. Um ein Modell für alle Betriebspunkte zu erhalten und später leicht Veränderungen und Erweiterungen vornehmen zu können, erfolgt eine symbolische Modellbeschreibung mit physikalischen Parametern.

Die erste Stufe der Modellbildung besteht in der Nachbildung des realen Systems durch ein physikalisches Ersatzmodell. Durch geeignetes Zusammenfassen mehrerer Körper und masseloser Kraftübertragungselemente wird in der zweiten Stufe eine Unterteilung des Gesamtsystems in sogenannte Module vorgenommen. Die mathematische Beschreibung dieser Module und ihre Verkopplung zum Gesamtsystem liefert das gesuchte mathematische Modell als System von Differentialgleichungen und algebraischen Ausgangsgleichungen, mit nur näherungsweise bekannten oder unbekannten physikalischen Parametern. Durch die Identifizierung der Parameter erfolgt die Anpassung der Gleichungen an das Verhalten des realen Systems, und es steht ein wirklichkeitsnahes Modell als Basis für die Auslegung einer Regelung zur Verfügung. Die folgenden Abschnitte enthalten eine genauere Beschreibung der einzelnen Schritte und verwendeten Grundlagen zur oben nur kurz angedeuteten Vorgehensweise bei der Beschaffung der Modellgleichungen.

4.1 Physikalisches Ersatzmodell

Bild 4.1 zeigt das aus der physikalischen Nachbildung des Versuchsstandes Bild 2.1 resultierende Ersatzmodell. Es besteht aus den Teilsystemen "Antriebszweige" (für die Hoch-, Schulter- und Ellbogenachse), "elastische, masselose Balken" (für Ober- und Unterarm) und der "Endmasse" als Punktmasse (für Greifer und Nutzlast). Bei geeigneter Wahl der

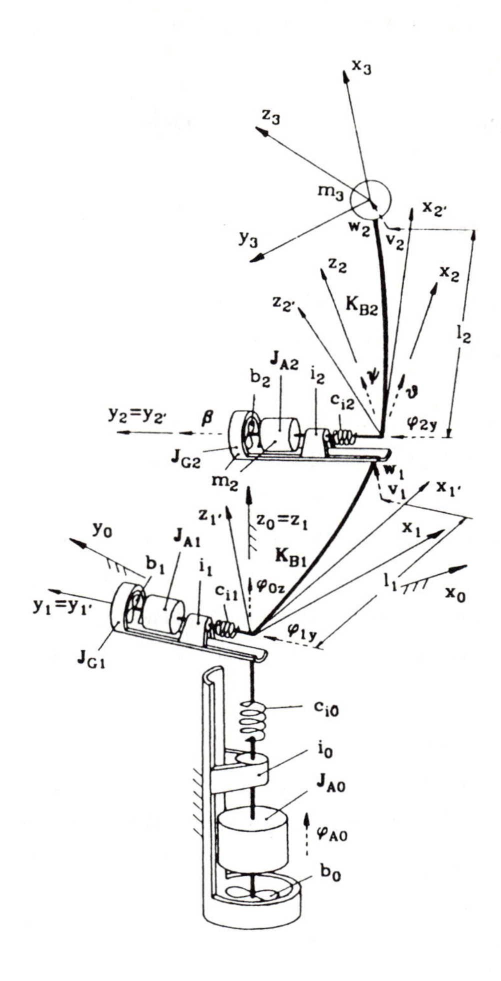

Bild 4.1: Physikalisches Ersatzmodell

Koordinatensysteme und generalisierter Lagekoordinaten ist für diese Teilsysteme noch eine relativ einfache mathematische Beschreibung möglich.

Jeder Antriebszweig enthält eine abtriebsseitige Getriebefeder $c_{i..}$ (für Verzahnungsnachgiebigkeiten), die Getriebuntersetzung $i_{..}$ und eine antriebsseitige geschwindigkeitsproportionale Dämpfung $b_{..}$ (für

Wirbelstromverluste im Motor, Dämpfungsverluste durch Getriebeöl). Die Trägheitseigenschaften des Ellbogens sind durch seine Masse m_2 sowie die Hauptachsträgheitstensoren der Antriebsdrehmasse $\mathbf{J}_{A2}$ und des Gehäuses $\mathbf{J}_{G2}$ gegeben. Wegen der Zwangsführung der Antriebsdrehmasse durch das Gehäuse können später die zugehörigen Trägheitsmomente um die x- und z-Achse zusammengefaßt werden. Obwohl in Bild 4.1 für eine bessere Darstellbarkeit anders wiedergegeben, wird von einer Befestigung der Arme am Ellbogengehäuse im identischen Schwerpunkt von Gehäuse und Antriebsdrehmasse, der auf der Drehachse des Antriebes liegen möge, ausgegangen. Die gleichen Annahmen einer symmetrischen Armbefestigung und Schwerpunktlage gelten für die Schulter. In den Hauptachsträgheitstensoren $\mathbf{J}_{A1}$ und $\mathbf{J}_{G1}$ sind allein die Momente J_{A1y}, J_{A1z} und J_{G1z} von Bedeutung. Als einziges Trägheitsmoment im Tensor $\mathbf{J}_{A0}$ des Hochachsantriebes ist die z-Komponente J_{A0z} zu berücksichtigen.

Der Oberarm ist als masseloser elastischer Balken mit Querkraft-, Torsions- und Biegemomentenbelastung an seinen Anfangs- und Endpunkten modelliert. Um starre Armabschnitte und zusätzliche Elastizitäten, die in Abschnitt 4.2.3 näher beschrieben sind, einzubeziehen aber nicht exakt physikalisch nachzubilden, werden die Elemente der Steifigkeitsmatrix $\mathbf{K}_{B1}$, als voneinander unabhängige Parameter angesetzt. Das Balkenmodell enthält zusätzlich zu den Verformungsgeschwindigkeiten proportionale Dämpfungsanteile. Die zugehörige Dämpfungsmatrix ergibt sich durch Multiplikation der Elemente der Steifigkeitsmatrix entsprechend den Verformungsmöglichkeiten um die drei Balkenachsen mit den Faktoren $\kappa_x, \kappa_y, \kappa_z$.

Aufgrund der Modellierung der Endmasse als Punktmasse m_3 ist im Gegensatz zum Oberarm für die physikalische Nachbildung des Unterarmes ein Biegebalken mit alleiniger Querkraftbelastung am Balkenende angesetzt. Auch hier sind die Elemente der zugehörigen Steifigkeitsmatrix $\mathbf{K}_{B2}$ voneinander unabhängige Parameter. Der Ansatz eines Dämpfungsanteiles erfolgt wie oben über die Faktoren κ_y, κ_z.

Eine Auflistung der Parameter ist in Tabelle 4.2 (Abschnitt 4.4.2) zu finden.

Als nächstes werden die verwendeten Koordinatensysteme, auf die bei der Indizierung einiger Parameter bereits vorgegriffen wurde, beschrieben. Neben dem Inertialsystem x_0, y_0, z_0 werden zusätzlich die folgenden Koordinatensysteme verwendet:

- ein im Schwerpunkt des Schultergehäuses verhaftetes körperfestes System x_1, y_1, z_1, gegenüber dem Inertialsystem um den Winkel φ_{0z} gedreht,

- ein Koordinatensystem $x_{1'}, y_{1'}, z_{1'}$ tangential im Drehpunkt des Oberarmes, das mit dem Abtriebsdrehwinkel φ_{1y} des Schulterantriebes relativ zum Gehäusesystem verdreht ist,

- das Koordinatensystem x_2, y_2, z_2 mit seinem Ursprung gleichzeitig tangential im Endpunkt des Oberarmes und im Gehäuseschwerpunkt des Ellbogens, gegenüber dem 1'-System um die relativen Kardanwinkel ϑ, β, ψ gedreht,

- tangential im Drehpunkt des Unterarmes angebrachte, mit dem Abtriebswinkel des Ellbogens φ_{2y} um das Gehäusesystem gedrehte Koordinaten $x_{2'}, y_{2'}, z_{2'}$,

- und schließlich das Koordinatensystem x_3, y_3, z_3 in der Endmasse.

Im Gegensatz zur sonst in der Mechanik häufig zu findenden Vorgehensweise, jedem Körper ein körperfestes Koordinatensystem zuzuordnen, werden hier entsprechend der oben vorgenommenen Aufteilung in Antriebszweige und Positionierarme "Teilsystemkoordinaten" definiert. Wie später deutlich wird, besteht der Vorteil dieser Teilsystemkoordinaten und der damit eng verbundenen Wahl geeigneter generalisierter Lagekoordinaten in einer übersichtlichen mathematischen Beschreibbarkeit des lokalen Verhaltens von Antrieben und Armen. Ferner wird die Bildung von Modulen, die später leicht zum Gesamtsystem zusammenzufügen sind, unterstützt. Die Bewegungen der nicht mit eigenen Koordinatensystemen versehenen Antriebsdrehmassen können in den entsprechenden Gehäusekoordinatensystemen als "schleifende Koordinatensysteme" betrachtet werden.

Zur Beschreibung der elf mechanischen Freiheitsgrade des Ersatzmodells (Rotation der drei Antriebsdrehmassen relativ zu den Gehäusen, Translation von Ellbogen- und Endmasse in je zwei Richtungen, Rotation des Ellbogenantriebes um seine drei Hauptachsen und des Schulterantriebes um die Vertikalachse) dienen die in Bild 4.1 gestrichelt eingetragenen generalisierten Lagekoordinaten, die zum generalisierten Lagevektor

$$\mathbf{q} = [\varphi_{A0}, \varphi_{0z}, \varphi_{1y}, v_1, w_1, \vartheta, \beta, \psi, \varphi_{2y}, v_2, w_2]^T \tag{4.1}$$

zusammengefaßt werden. Er enthält wie bei einer Modellierung des Versuchsstandes als Starrkörpersystem die drei abtriebsseitigen Drehwinkel φ_{0z}, φ_{1y} und φ_{2y} relativ zum jeweiligen Antriebsgehäuse und zusätzlich die elastischen Verschiebungen und Verdrehungen der Positionierarme v_1, w_1, ϑ, β, ψ, v_2 und w_2 sowie den Drehwinkel der Antriebsmasse der Hochachse φ_{A0} gegenüber dem Antriebsgehäuse.

4.2 Kinematik und Modularisierung des Gesamtsystems

4.2.1 Kinematische Grundlagen

Im folgenden werden kurz die Grundlagen für die kinematische Beschreibung eines mechanischen Systems zusammengefaßt (vgl. auch /Müller u.a. 1976 , Schiehlen 1986/). Zu diesem Zweck seien die in Bild 4.2 dargestellten, bewegten Koordinatensysteme betrachtet.

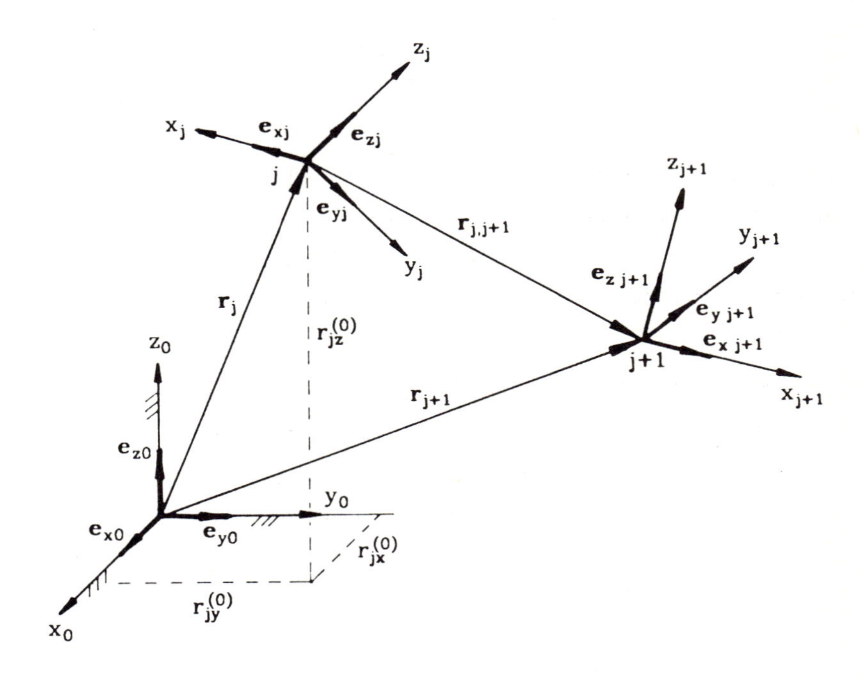

Bild 4.2: Kinematik bewegter Koordinatensysteme

Die absoluten Positionen und Orientierungen der Koordinatensysteme j und j+1 sind jeweils durch ihre Ortsvektoren $\mathbf{r}_j$ und $\mathbf{r}_{j+1}$ und die Projektionen ihrer Basisvektoren $\mathbf{e}_{x..}, \mathbf{e}_{y..}, \mathbf{e}_{z..}$ auf die Basisvektoren des Inertialsystems gegeben. Der Ortsvektor zum Koordinatenursprung j im Inertialsystem 0 betrachtet ist

$$\mathbf{r}_j^{(0)} = r_{jx}^{(0)}\mathbf{e}_{x0} + r_{jy}^{(0)}\mathbf{e}_{y0} + r_{jz}^{(0)}\mathbf{e}_{z0} \quad . \tag{4.2}$$

Das gleiche gilt für den Ortsvektor $\mathbf{r}_{j+1}^{(0)}$, wobei der in Klammern hochgestellte Index angibt, bezüglich welchen Koordinatensystems der Vektor in seine Komponenten zerlegt ist. Für die Basisvektoren kann diese Indizierung entfallen, da ihre Komponenten immer bzgl. des Inertialsystems gelten.
Die absolute Orientierung der Basisvektoren j im Raum - ihre Projektion auf die Einheitsvektoren des inertialen Bezugssystems - ist in eindeutiger Weise z.B. durch drei aufeinanderfolgende Kardandrehungen $\alpha_j, \beta_j, \gamma_j$ aus einer zum Bezugssystem achsparallelen Lage bestimmt /Müller u.a. 1976/ und wird zur Transformationsmatrix

$$\mathbf{T}^{(0,j)}(\alpha_j,\beta_j,\gamma_j) = \begin{bmatrix} \mathbf{e}_{xj}^T\mathbf{e}_{x0} & \mathbf{e}_{yj}^T\mathbf{e}_{x0} & \mathbf{e}_{zj}^T\mathbf{e}_{x0} \\ \mathbf{e}_{xj}^T\mathbf{e}_{y0} & \mathbf{e}_{yj}^T\mathbf{e}_{y0} & \mathbf{e}_{zj}^T\mathbf{e}_{y0} \\ \mathbf{e}_{xj}^T\mathbf{e}_{z0} & \mathbf{e}_{yj}^T\mathbf{e}_{z0} & \mathbf{e}_{zj}^T\mathbf{e}_{z0} \end{bmatrix} \quad , \tag{4.3a}$$

$$\mathbf{e}_{..j} = \mathbf{e}_{..j}(\alpha_j,\beta_j,\gamma_j)$$

zusammengefaßt. Dabei repräsentieren die Skalarprodukte spaltenweise die Projektionen der Basisvektoren des Koordinatensystems j auf das inertiale Bezugssystem 0. Die Komponenten der Basisvektoren $\mathbf{e}_{..j}$ sind Funktionen der Kardanwinkel. Mit den Basisvektoren des Inertialsystems $\mathbf{e}_{x0}=[1\ ,0\ ,0\ ]^T$, $\mathbf{e}_{y0}=[0\ ,1\ ,0\ ]^T$ und $\mathbf{e}_{z0}=[0\ ,0\ ,1\ ]^T$ folgt aus (4.3a) speziell:

$$\mathbf{T}^{(0,j)} = \begin{bmatrix} \mathbf{e}_{xj} & \mathbf{e}_{yj} & \mathbf{e}_{zj} \end{bmatrix} \quad . \tag{4.3b}$$

Ist statt der absoluten Orientierung die Orientierung der Basisvektoren j zu einem bewegten Bezugssystem j+1 von Interesse, ist in der Transformationsmatrix (4.3a) der Index 0 gegen j+1 auszutauschen. Ferner sind die relativen Kardanwinkel $\alpha_{j,j+1}, \beta_{j,j+1}, \gamma_{j,j+1}$ einzusetzen, die durch Drehung des Koordinatensystems j aus einer zum System j+1 achsparallelen Anfangsorientierung zu seiner tatsächliche Orientierung führen (Drehung der Basis j um die Basis j+1).

Mit Hilfe von (4.3) lassen sich die Komponenten eines Vektors in ein anderes Koordinatensystem transformieren. Für ein beliebiges Bezugssystem • (• = 0 für das Inertialsystem, • = j+1 für ein bewegtes System) und mit der Orthogonalitätseigenschaft $\mathbf{T}^{-1} = \mathbf{T}^{T}$ der Transformationsmatrix für orthogonale Koordinatensysteme gilt am Beispiel des Ortsvektors $\mathbf{r}_{j+1}$:

$$\mathbf{r}_{j+1}^{(\bullet)} = \mathbf{T}^{(\bullet,j)}\mathbf{r}_{j+1}^{(j)} \quad , \tag{4.4a}$$

$$\mathbf{r}_{j+1}^{(j)} = (\mathbf{T}^{(\bullet,j)})^{T}\mathbf{r}_{j+1}^{(\bullet)} = \mathbf{T}^{(j,\bullet)}\mathbf{r}_{j+1}^{(\bullet)} \quad . \tag{4.4b}$$

Durch Differentiation des in das Inertialsystem transformierten Ortsvektors aus (4.4a)

$$\mathbf{r}_{j+1}^{(0)} = \mathbf{T}^{(0,j)}\mathbf{r}_{j+1}^{(j)} = r_{j+1\,x}^{(j)}\,\mathbf{e}_{xj} + r_{j+1\,y}^{(j)}\,\mathbf{e}_{yj} + r_{j+1\,z}^{(j)}\,\mathbf{e}_{zj} \tag{4.4c}$$

nach der Zeit, erhält man den Vektor der Translationsgeschwindigkeit des Koordinatenursprunges j+1:

$$\begin{aligned} \boldsymbol{v}_{j+1}^{(0)} &= \mathbf{T}^{(0,j)}[(\mathbf{T}^{(j,0)}\dot{\mathbf{T}}^{(0,j)})\mathbf{r}_{j+1}^{(j)} + \dot{\mathbf{r}}_{j+1}^{(j)}] \\ &= \mathbf{T}^{(0,j)}\boldsymbol{v}_{j+1}^{(j)} = v_{j+1\,x}^{(j)}\,\mathbf{e}_{xj} + v_{j+1\,y}^{(j)}\,\mathbf{e}_{yj} + v_{j+1\,z}^{(j)}\,\mathbf{e}_{zj} \quad . \end{aligned} \tag{4.5}$$

In (4.5) gibt der Ausdruck in eckigen Klammern den Zusammenhang zur Berechnung der Translationsgeschwindigkeit eines in einem bewegten Koordinatensystem beschriebenen Punktes wieder. Darin beschreibt $\dot{\mathbf{r}}_{j+1}^{(j)}$ die bezüglich des bewegten Koordinatensystems j zu beobachtende Geschwindigkeit des Punktes j+1. Der erste Summand enthält den zur Bildung der Absolutgeschwindigkeit noch fehlenden Anteil durch die Drehbewegung des Koordinatensystems j, der sich formal aus der Differentiation der Basisvektoren ergibt. Mit dem in das Koordinatensystem j transformierten, schiefsymmetrischen Tensor der absoluten Winkelgeschwindigkeit /Müller u.a. 1976/

$$\tilde{\Omega}_j^{(j)} = T^{(j,0)}\dot{T}^{(0,j)} = (T^{(0,j)})^T\dot{T}^{(0,j)}$$

$$= \begin{bmatrix} 0 & -\Omega_{jz}^{(j)} & \Omega_{jy}^{(j)} \\ \Omega_{jz}^{(j)} & 0 & -\Omega_{jx}^{(j)} \\ -\Omega_{jy}^{(j)} & \Omega_{jx}^{(j)} & 0 \end{bmatrix} \tag{4.6}$$

und dem Vektor $\Omega_j^{(j)}=[\Omega_{jx}^{(j)}, \Omega_{jy}^{(j)}, \Omega_{jz}^{(j)}]^T$ der absoluten Winkelgeschwindikeiten des Koordinatensystems j, in der der zu differenzierende Ortsvektor beschrieben wurde, läβt sich dieser Drehanteil als Kreuzprodukt $\Omega_j^{(j)} \times r_{j+1}^{(j)}$ darstellen, wie es aus anderen Herleitungen von (4.5) (z.B. /Parkus 1966/) bekannt ist.

Sind die betrachteten Koordinatensysteme mit Körpern eines mechanischen Systems verhaftet, stehen mit Gleichungen (4.5) und (4.6) somit nach Aufbau der Ortsvektoren und Transformationsmatrizen Ausdrücke zur Berechnung des Geschwindigkeitszustandes dieses Systems zur Verfügung.
Im Fall eines Systems mit Baumstruktur, wie es für den zu modellierenden Knickarmroboter vorliegt, ist es sinnvoll zu einer relativkinematischen Beschreibung überzugehen, die eine rekursive Ermittlung des Geschwindigkeitszustandes ermöglicht.

4.2.2 Relativkinematik

Berücksichtigt man, daβ der Ortsvektor $r_{j+1}^{(j)}$ als Summe des Ortsvektors $r_j^{(j)}$ und des Relativvektors $r_{j,j+1}^{(j)}$ geschrieben werden kann, erhält man aus Gleichung (4.5) mit (4.6)

$$\boldsymbol{v}_{j+1}^{(j)} = \tilde{\Omega}_j^{(j)} r_j^{(j)} + \dot{r}_j^{(j)} + \tilde{\Omega}_j^{(j)} r_{j,j+1}^{(j)} + \dot{r}_{j,j+1}^{(j)} \tag{4.7a}$$

und schließlich mit dem Vektor $\boldsymbol{v}_j^{(j)} = \tilde{\Omega}_j^{(j)} \mathbf{r}_j^{(j)} + \dot{\mathbf{r}}_j^{(j)}$ der Absolutgeschwindigkeit des Koordinatensystems j:

$$\boldsymbol{v}_{j+1}^{(j)} = \boldsymbol{v}_j^{(j)} + \tilde{\Omega}_j^{(j)} \mathbf{r}_{j,j+1}^{(j)} + \dot{\mathbf{r}}_{j,j+1}^{(j)} \quad . \tag{4.7b}$$

Mit dieser Gleichung liegt nun eine Vorschrift zur rekursiven Berechnung der Translationsgeschwindigkeiten vor, in der die Größen $\boldsymbol{v}_j^{(j)}$ und $\tilde{\Omega}_j^{(j)}$ jeweils aus dem letzten Schritt der Rekursion bekannt sind. Die Rekursionsgleichung für den Tensor der Winkelgeschwindigkeit lautet wegen $T^{(0,j+1)} = T^{(0,j)} T^{(j,j+1)}$, mit Gleichung (4.6) und den Transformationseigenschaften von Tensoren:

$$\begin{aligned} \tilde{\Omega}_{j+1}^{(j+1)} &= T^{(j+1,j)} \tilde{\Omega}_j^{(j)} T^{(j,j+1)} + T^{(j+1,j)} \dot{T}^{(j,j+1)} \\ &= \tilde{\Omega}_j^{(j+1)} + \tilde{\Omega}_{j+1,j}^{(j+1)} \quad . \end{aligned} \tag{4.8a}$$

Eine Verringerung der in obiger Beziehung durchzuführenden Rechenoperationen wird durch den Übergang zur Vektordarstellung für die Winkelgeschwindigkeiten

$$\Omega_{j+1}^{(j+1)} = T^{(j+1,j)} \Omega_j^{(j)} + \Omega_{j+1,j}^{(j+1)} \tag{4.8b}$$

erreicht. Der Vektor der Relativwinkelgeschwindigkeit $\Omega_{j+1,j}^{(j+1)}$ des Koordinatensystems j+1 um das System j enhält dabei entsprechend (4.6) die positiven Komponenten des zugehörigen Tensors aus (4.8a).

Die Berechnung der Translationsgeschwindigkeiten $\boldsymbol{v}_{j+2}^{(j+1)}$ eines nachfolgenden Koordinatensystems j+2 kann, nachdem $\boldsymbol{v}_{j+1}^{(j)}$ mit (4.4a) in das Koordinatensystem j+1 transformiert wurde, wieder mit Gleichung (4.7b) erfolgen; usw.

4.2.3 Kinematik der Teilsysteme Antriebe und Arme

Im Ersatzmodell Bild 4.1 treten als Verbindungselemente zwischen den Koordinatensystemen die Teilsysteme Antriebe und Positionierarme auf, so daß im folgenden die Beschreibung des lokalen Verhaltens dieser Teilsysteme relativ zu den mit ihnen verhafteten Koordinatensystemen von Interesse ist. Der Lage- und Geschwindigkeitszustand der Teilsystemkoordinaten ist mit Abschnitt 4.2.2 bekannt.

Bild 4.3 zeigt das im Anfangspunkt a eingespannt gedachte, als masselosen elastischen Balken modellierte Teilsystem **Oberarm**.

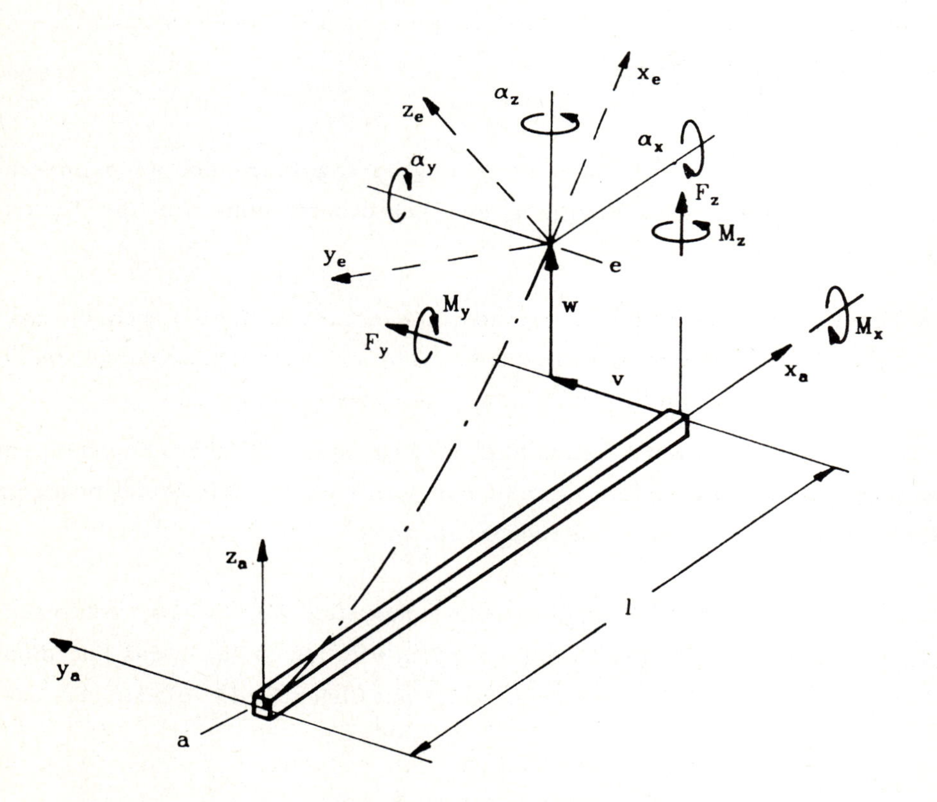

Bild 4.3: Teilsystem Positionierarm

Am freien Ende e sind die bzgl. des Koordinatensystems a zerlegten Schnittgrößen (Querkräfte, Torsionsmoment und Biegemomente) angetragen, die die Verschiebungen v ,w des Endpunktes und Neigungswinkel α_x ,α_y ,α_z (veränderte Orientierung) des Koordinatensystems e gegenüber dem System a bewirken. Der Relativvektor der Verschiebungen im Koordinatensystem a zerlegt ergibt sich aus dem Bild zu

$$\mathbf{r}_{a,e}^{(a)} = [l,\ v,\ w]^T \quad . \tag{4.9a}$$

Beschreibt man die veränderte Orientierung mit relativen Kardanwinkeln (Abschnitt 4.2.1) ϑ, β, ψ und linearisiert die zugehörige Drehungs- oder Transformationsmatrix für kleine Winkel um den unverformten Zustand des Balkens, erhält man für die Transformation eines Vektors vom Koordinatensystem e in das Koordinatensystem a die Matrix:

$$\mathbf{T}^{(a,e)} = \begin{bmatrix} 1 & -\psi & \beta \\ \psi & 1 & -\vartheta \\ -\beta & \vartheta & 1 \end{bmatrix} \quad . \tag{4.9b}$$

Der Vektor der relativen Winkelgeschwindigkeiten des Koordinatensystems e um das System a wird mit Gleichung (4.6) bei Vernachlässigung "kleiner Größen" (Produkte von Winkeln und Winkelgeschwindigkeiten):

$$\mathbf{\Omega}_{e,a}^{(e)} = [\dot{\vartheta},\ \dot{\beta},\ \dot{\psi}]^T \quad . \tag{4.9c}$$

Aus (4.9c) erkennt man, daß für kleine Winkel die Winkelgeschwindigkeiten um die Kardanachsen näherungsweise mit den Winkelgeschwindigkeiten um die Achsen des Koordinatensystems e übereinstimmen. Ebenso wegen der kleinen Drehwinkel dürfen die in Bild 4.3 eingetragenen Neigungswinkel des Endpunktes mit den Kardanwinkeln gleichgesetzt werden. Die lokale Steifigkeitsbeziehung des Oberarmes lautet dann:

$$\mathbf{F}_B = \mathbf{K}_B \boldsymbol{u}_B$$

$$\begin{bmatrix} F_y \\ F_z \\ M_x \\ M_y \\ M_z \end{bmatrix} = \begin{bmatrix} k_{11} & 0 & 0 & 0 & k_{15} \\ 0 & k_{22} & 0 & k_{24} & 0 \\ 0 & 0 & k_{33} & 0 & 0 \\ 0 & k_{24} & 0 & k_{44} & 0 \\ k_{15} & 0 & 0 & 0 & k_{55} \end{bmatrix} \begin{bmatrix} v \\ w \\ \vartheta \\ \beta \\ \psi \end{bmatrix} . \qquad (4.9d)$$

Um, wie schon in Abschnitt 4.1 erwähnt, starre Armabschnitte und Elastizitäten der Armbefestigungen einzubeziehen, sind die Elemente der obigen Balkensteifigkeitsmatrix als voneinander unabhängige Parameter angesetzt und nicht Funktionen der Balkenlänge, Biege- und Torsionssteifigkeiten /Przemieniecki 1968/. Starre Abschnitte treten in den Bereichen zwischen den Schwerpunkten der Antriebe als gedachte Befestigungspunkte und den wirklichen Befestigungspunkten des Armes an den Gehäusen auf. Die Verbindungselemente zwischen den Gehäusen und dem betrachteten Arm bringen die oben genannten Elastizitäten mit sich, deren kombinierte Eigenschaften (Zug-/Druck-, Biege- und Torsionssteifigkeiten) im Gegensatz zu den starren Abschnitten nur schwer physikalisch und quantitativ erfaßbar sind. Fast man beide Eigenschaften mit der Steifigkeitsmatrix eines idealen Balkens zusammen, bleibt deren Struktur erhalten; ihre Elemente sind mit den nicht bekannten Elastizitäten der Verbindungselemente aber nur noch als unabhängige Parameter beschreibbar.

Das Teilsystem **Unterarm** wird als Balken nur mit Querkraftbelastung am freien Ende ($M_x=M_y=M_z=0$, $\alpha_x=0$), beschrieben. Die Neigungswinkel α_y und α_z sind in diesem Fall mit den elastischen Verschiebungen w und v kinematisch gekoppelt. Man erhält sie aus den Biegelinien $w(x_a)$ und $v(x_a)$ für reine Querkraftbiegung als Ableitungen nach x_a an der Stelle $x_a=l$. Da die Neigungswinkel aufgrund dieser Abhängigkeit keine generalisierten Koordinaten sind, kann im Balkenendpunkt nur eine Punktmasse angeschlossen werden. Während der Relativvektor mit (4.9a) unverändert bleibt, ist die Transformationsmatrix zwischen den Anfangs- und Endpunktkoordinatensystemen mit den Neigungswinkeln am Balkenende zu bilden. Sie wird nachstehend der Vollständigkeit halber in allgemeiner Form zusammen mit dem Vektor der Relativwinkelgeschwindigkeit angegeben, wobei (') die Ableitung nach x_a kennzeichnet. Die Kenntnis der Transformationsmatrix ist zum Aufstellen der Bewegungsgleichungen des Gesamtsystems nicht erforderlich.

$$T^{(a,e)} = \begin{bmatrix} 1 & v'(l) & w'(l) \\ -v'(l) & 1 & 0 \\ -w'(l) & 0 & 1 \end{bmatrix} \qquad (4.9e)$$

$$\mathbf{\Omega}_{e,a}^{(e)} = [0, -\frac{d\,w'(l)}{dt}, \frac{d\,v'(l)}{dt}]^T \qquad (4.9f)$$

Die lokale Steifigkeitsgleichung (4.9d) reduziert sich auf

$$\begin{bmatrix} F_y \\ F_z \end{bmatrix} = \begin{bmatrix} k_{11} & 0 \\ 0 & k_{22} \end{bmatrix} \begin{bmatrix} v \\ w \end{bmatrix} \quad . \qquad (4.9g)$$

Zur Beschreibung des lokalen Verhaltens der **Antriebszweige** verdeutlicht Bild 4.4 die für die Kinematik des Schulter- und Ellbogenantriebes wesentlichen Elemente. Die Beziehungen zwischen dem Gehäusekoordinatensystem a und dem Koordinatensystem e am Getriebeabtrieb ergeben sich mit der generalisierten Koordinate $\varphi_{e,a}$ aus dem Bild zu

$$\mathbf{r}_{a,e}^{(a)} = \mathbf{0} \quad , \qquad (4.10a)$$

$$T^{(a,e)} = \begin{bmatrix} \cos(\varphi_{e,a}) & 0 & \sin(\varphi_{e,a}) \\ 0 & 1 & 0 \\ -\sin(\varphi_{e,a}) & 0 & \cos(\varphi_{e,a}) \end{bmatrix} \quad , \qquad (4.10b)$$

$$\mathbf{\Omega}_{e,a}^{(e)} = [0, \dot{\varphi}_{e,a}, 0]^T \quad . \qquad (4.10c)$$

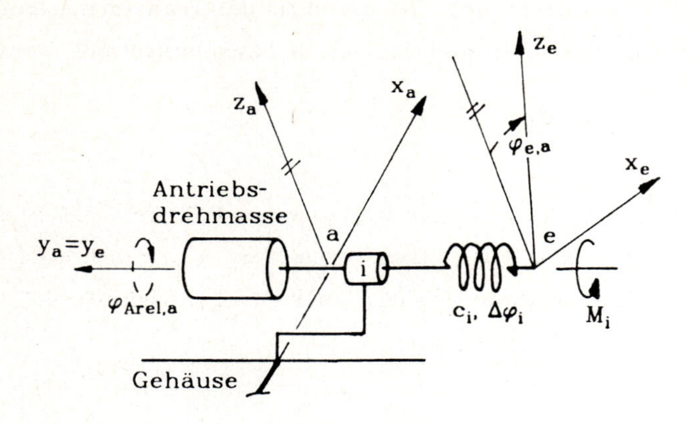

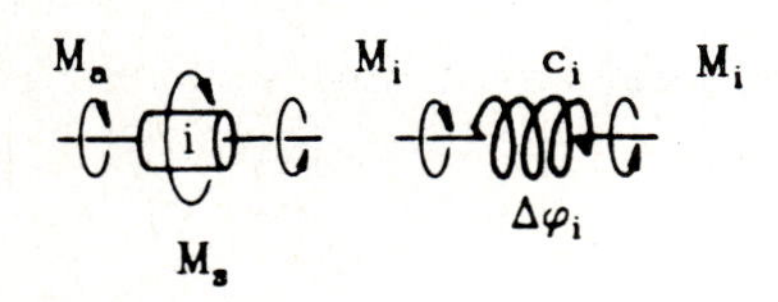

Bild 4.4:Teilsystem Antriebszweig

Die lokale Steifigkeitsbeziehung lautet mit dem Torsionswinkel $\Delta\varphi_i$ der Feder c_i und dem daraus resultierenden Schnittmoment:

$$\mathbf{F}_A = \mathbf{K}_A \boldsymbol{u}_A$$

$$M_i = c_i \, \Delta\varphi_i \quad . \tag{4.10d}$$

Bei den Antriebszweigen ist zusätzlich die relative Bewegung (Winkel und Winkelgeschwindigkeit) der Antriebsdrehmasse gegenüber dem Gehäuse zu berücksichtigen, für die man

$$\varphi_{Arel,a} = i\,[\varphi_{e,a} + \Delta\varphi_i\,] \quad , \tag{4.10e}$$

$$\Omega_{Arel,a}^{(a)} = [0,\ \dot{\varphi}_{Arel,a},\ 0]^T \tag{4.10f}$$

erhält (vgl. Bild 4.4). Die absolute Winkelgeschwindigkeit der Antriebsdrehmasse $\Omega_{Aa}^{(a)}$ berechnet sich, nachdem die Winkelschwindigkeit des Gehäusekoordinatenkoordinatensystems $\Omega_{a}^{(a)}$ (vgl. Abschnitt 4.2.2) bekannt ist, gemäß

$$\Omega_{Aa}^{(a)} = \Omega_{a}^{(a)} + \Omega_{Arel,a}^{(a)} \quad . \tag{4.10g}$$

$\Omega_{Aa}^{(a)}$ und $\Omega_{Arel,a}^{(a)}$ sind, wie bei der Beschreibung der Koordinatensysteme in Abschnitt 4.1 bereits erwähnt, im "schleifenden" Koordiantensystem a des Gehäuses angegeben.

Um Gleichungen (4.10d) und (4.10e) vollständig in generalisierten Lagekoordinaten auszudrücken - $\Delta\varphi_i$ ist eine abhängige Größe -, ist das an den Antriebszweig im Koordinatensystem e anschließende Teilsystem, dessen Ankopplung über das Schnittmoment M_i erfolgt, in die Betrachtung einzubeziehen. Diese Anschlußteilsysteme sind im vorliegenden Ersatzmodell (Bild 4.1) für den Schulter-, Ellbogen- und Hochachsantrieb:

1. Der Biegebalken mit Querkraft- und Momentenbelastung am freien Ende, mit $M_i=-M_y+F_z l$ (M_y, F_z aus Gleichung (4.9d)).

2. Der Biegebalken nur mit Querkraftbelastung am freien Ende, mit $M_i=F_z l$ (F_z aus Gleichung (4.9g)).

3. Die Drehträgheit der Schulter um die z_0-Achse , mit M_i als Funktion der Koordinaten $\varphi_{Arel,a}$ und $\varphi_{e,a}$.

Aus (4.10d) läßt sich der Torsionswinkel $\Delta\varphi_i$ abhängig vom Schnittmoment M_i angeben, und ist schließlich für die betrachteten drei Fälle:

$$1. \quad \Delta\varphi_i = \frac{k_{22}l-k_{24}}{c_i}w + \frac{k_{24}l-k_{44}}{c_i}\beta \quad , \qquad (4.11a)$$

$$2. \quad \Delta\varphi_i = \frac{k_{22}l}{c_i}w \quad , \qquad (4.11b)$$

$$3. \quad \Delta\varphi_i = \frac{1}{i}\varphi_{Arel,a}-\varphi_{e,a} \quad . \qquad (4.11c)$$

Im letzten Fall ist der Relativwinkel $\varphi_{Arel,a}$ eine generalisierte Koordinate, so daß für den Hochachsantrieb Gleichung (4.10e) entfällt. Ferner sind beim Hochachsantrieb die Transformationsmatrix (4.10b) sowie die Vektoren (4.10c) und (4.10f) für Drehung des Antriebes um die z-Achse anzugeben.

4.2.4 Modulbildung und Moduldaten

Um bei der späteren Formulierung der Bewegungsgleichungen die einzelnen Teilsysteme nicht immer wieder neu, mit erheblichem Rechenaufwand zusammenzufügen, werden sie zu größeren mechanischen Funktionseinheiten zusammengefaßt, die im weiteren als Module bezeichnet werden /Müller u.a. 1985/. Diese Vorgehensweise der Bildung von Modulen ist bei mechanischen Systemen mit Baumstruktur (ohne geschlossene kinematische Schleifen), auf die die folgenden Betrachtungen beschränkt sein mögen, problemlos anwendbar. Jedes Modul kann mehrere Körper und masselose Koppelelemente, wie Federn, Dämpfer etc. , enthalten. Die relativen Bewegungen der Körper im Modul und die Kraftgesetze der Koppelelemente werden dabei bezüglich eines geeignet gewählten Koordinatensystems mit Hilfe relativer Lage- und Geschwindigkeitskoordinaten beschrieben. Mit ihrer Umwelt stehen die Module über eine durch die Gesamtsystemkinematik gegebene Führungsbewegung sowie Ein- und Ausgangsgrößen in Verbindung. Schnittgrößen (Zwangskräfte und -momente) bleiben dabei im Gegensatz zu /Müller u.a. 1985/ von vornherein unberücksichtigt, da sie sich beim Zusammenbau des Gesamtsystems aufheben.
Als Ausgangspunkt zur Formulierung geeigneter Module für das vorliegende Gesamtsystem dienen die Teilsystembeschreibungen im vorangehenden Abschnitt. Gleichungen (4.9..) und (4.10..) führen mit der Fallunterscheidung (4.11..) zur Definition sogenannter "Achsmodule" Hochachse, Schulter und Ellbogen, die durch Zusammenfassen der Antriebszweige mit dem, soweit vorhanden, jeweils anschließenden Positionierarm entstehen. Das Hochachsmodul besteht dabei allein aus dem Antriebszweig, da direkt kein Positionierarm anschließt. Zusätzlich wird das Modul "Endmasse" benötigt, das außer seiner punktförmigen Masse keine weiteren Eigenschaften besitzt. Bild 4.5 verdeutlicht nochmals die Aufteilung des Ersatzmodels aus Bild 4.1 in die genannten Module.
Das Thema dieses Abschnittes ist die allgemeine Beschreibung der Größen und Eigenschaften, die zur vollständigen Definition eines Moduls erforderlich sind. Spezielle Angaben zu den Modulen des betrachteten Ersatzmodells sind in Anhang C zu finden.

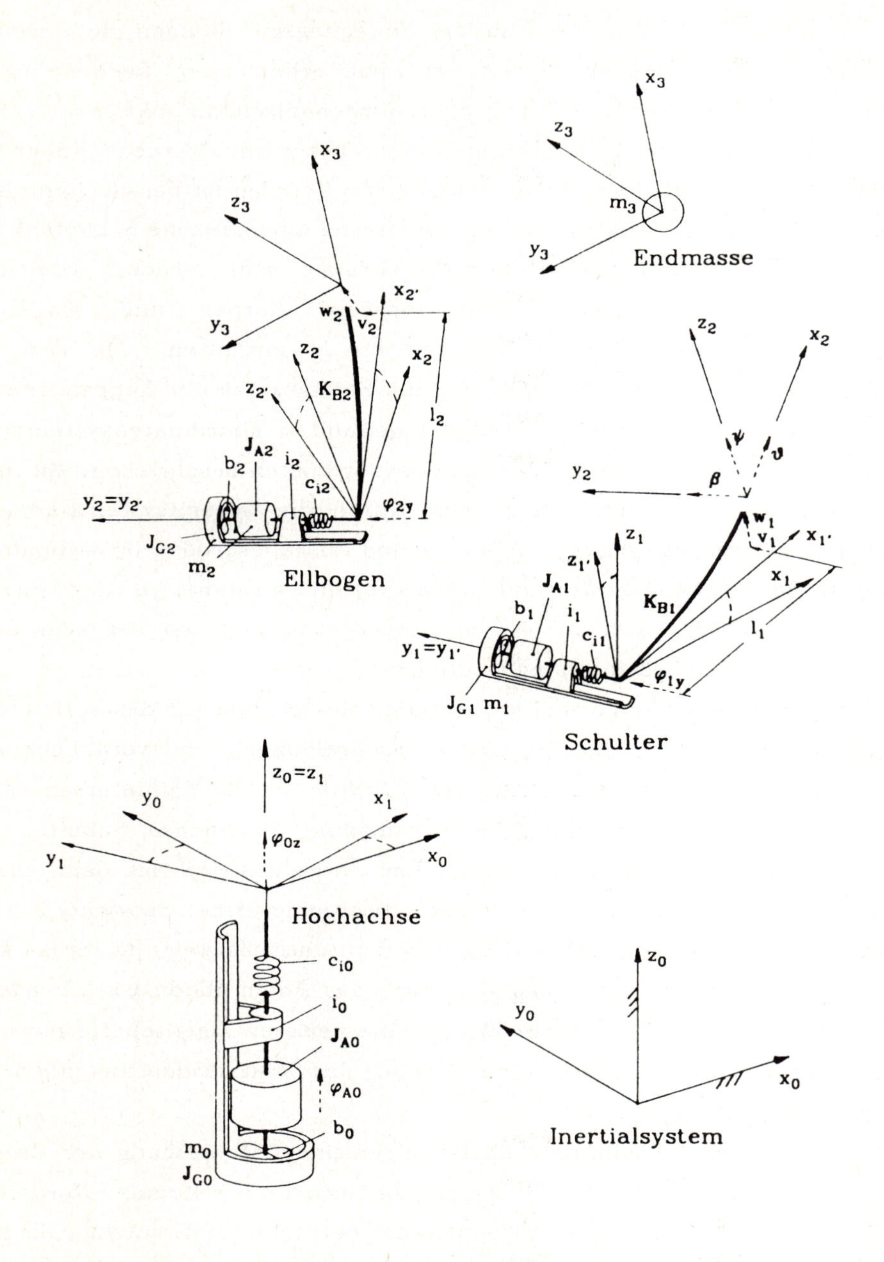

Bild 4.5: Aufbau des Ersatzmodells aus den Modulen Hochachse, Schulter, Ellbogen und Endmasse

Die Aufteilung eines mechanischen Systems in Module führt durch die Forderung einer abgeschlossenen Beschreibbarkeit ihrer inneren (lokalen) Eigenschaften zu einer besonderen Wahl **generalisierter Lagekoordinaten**, die je Modul zum generalisierten Lagevektor $\mathbf{q}_j$ zusammengefaßt werden und für das Gesamtsystem den Vektor der generalisierten Lagekoordinaten

$$\mathbf{q} = [\mathbf{q}_0^T, \dots, \mathbf{q}_j^T, \dots, \mathbf{q}_{n_j-1}^T]^T \tag{4.12a}$$

bilden (vgl. Gleichung (4.1)). Dabei ist n_j die Anzahl der im Gesamtsystem vorhandenen Module.

Zur Beschreibung des lokalen Verhaltens eines Moduls wird ein geeignetes **Modulkoordinatensystem** gewählt, dessen Ursprung gleichzeitig der Anschlußpunkt an ein vorhergehendes Modul bzw. an das Inertialsystem ist. Über die Indizierung der einzelnen Modulkoordinatensysteme und vorbestimmter Koppelkoordinatensysteme als Schnittstellen zu Folgemodulen erfolgt die Verkopplung zum Gesamtsytem. Als Beispiel wurden in Bild 4.5 die Modulkoordinatensysteme in die Gehäuse der Antriebszweige und in die Endmasse gelegt; die Koppelkoordinatensysteme befinden sich am Abtrieb der Hochachse und in den Endpunkten der Arme.

Die **lokale Kinematik** eines Moduls j relativ zum Modulkoordinatensystem wird durch den Relativvektor $\mathbf{r}^{(j)}_{K..rel,j}$ zum Schwerpunkt und den relativen internen Geschwindigkeitszustand $\dot{\mathbf{r}}^{(j)}_{K..rel,j}$, $\mathbf{\Omega}^{(j)}_{K..rel,j}$ eines jeden Körpers im Modul sowie durch die Schnittstelle zum Folgemodul - den Relativvektor $\mathbf{r}^{(j)}_{j,j+1}$ zum Koppelkoordinatensystem und die Transformationsmatrix $T^{(j,j+1)}$ - beschrieben. Mit der Transformationsmatrix und Gleichung (4.8) ergibt sich automatisch der Vektor der Relativwinkelgeschwindigkeiten des Folgemoduls $\mathbf{\Omega}^{(j+1)}_{j+1,j}$. Im allgemeinen Fall können mehrere Folgemodule auftreten.

Die Vektoren der absoluten Führungsgeschwindigkeiten $\boldsymbol{v}_j^{(j-1)}$ und $\mathbf{\Omega}_j^{(j)}$ eines

Moduls j berechnen sich mit den Kinematikangaben des Vorgängermoduls mit Gleichungen (4.4a), (4.7b) und (4.8b); die absoluten Geschwindigkeiten der Körper im Modul erhält man anschließend mit bekannten Führungsbewegungen durch wiederholte Anwendung dieser Gleichungen auf die modulinternen Bewegungen (vgl. Gleichung (4.10g) für Winkelgeschwindigkeiten).

Den absoluten Geschwindigkeitsvektoren sind die entsprechenden **Trägheitseigenschaften** der Körper im Modul j, beschrieben im Modulkoordinatensystem, zugeordnet. Werden die Geschwindigkeitsvektoren in der Reihenfolge Translation, Rotation zu einem Vektor

$$\boldsymbol{v}_{Mj}=[\boldsymbol{v}_{T1j}^T, \boldsymbol{v}_{T2j}^T, \cdots \mid \boldsymbol{v}_{R1j}^T, \boldsymbol{v}_{R2j}^T, \ldots]^T \tag{4.12b}$$

zusammengefaßt, wird die Matrix der Trägheitseigenschaften (lokale Massenmatrix) des j-ten Moduls, mit den Massen $m_{K..j}$ und den Eigenträgheitstensoren $J_{K..j}$ der enthaltenen Körper und der Einheitsmatrix $\mathbf{I}$:

$$\begin{aligned}\mathbf{M}_j &= \mathrm{diag}(\mathbf{M}_{T1j}, \mathbf{M}_{T2j}, \cdots \mid \mathbf{M}_{R1j}, \mathbf{M}_{R2j}, \cdots)\\ &= \mathrm{diag}(m_{K1\,j}\,\mathbf{I}, m_{K2\,j}\,\mathbf{I}, \cdots \mid \mathbf{J}_{K1\,j}, \mathbf{J}_{K2\,j}, \cdots) \quad .\end{aligned} \tag{4.12c}$$

Weiterhin sind die **Steifigkeitseigenschaften** eines jeden Moduls von Interesse. Durch Zusammenfassen der Steifigkeitsbeziehungen der Federelemente im Modul j erhält man die lokalen (Index L) Steifigkeitsgleichungen

$$\mathbf{F}_{Lj} = \mathrm{K}_{Lj}\boldsymbol{u}_{Lj} \tag{4.12d}$$

mit der lokalen Steigfigkeitsmatrix $\mathbf{K}_{Lj}$. Die Elemente des Verschiebungsvektors $\boldsymbol{u}_{Lj}$ sind lineare Funktionen der vom Modul j dem Gesamtsystem beigesteuerten generalisierten Koordinaten $\mathbf{q}_j$. Diesen Zusammenhang gibt die Koinzidenzgleichung

$$\boldsymbol{u}_{Lj} = U_{Lj}\mathbf{q}_j \tag{4.12e}$$

wieder, mit der die lokale Steifigkeitsbeziehung die Form

$$\mathbf{F}_{Lj} = (\mathbf{K}_{Lj} U_{Lj})\mathbf{q}_j = \mathbf{K}^{\bullet}_{Lj}\mathbf{q}_j \tag{4.12f}$$

annimmt. Der Anteil des Moduls an der globalen Steigfigkeitsmatrix des Gesamtsystems ergibt sich aus Gleichheit der lokal und global berechneten potentiellen Energien ($\frac{1}{2}\boldsymbol{u}^T_{Lj}\mathbf{K}_{Lj}\boldsymbol{u}_{Lj} = \frac{1}{2}\mathbf{q}_j^T\mathbf{Q}_j\mathbf{q}_j$) mit (4.12e) zu

$$\mathbf{Q}_j = \boldsymbol{U}^T_{Lj}\mathbf{K}_{Lj}\boldsymbol{U}_{Lj} \quad . \tag{4.12g}$$

Für die Beschreibung der **Dämpfungseigenschaften** wird zunächst zu Gleichung (4.12g) ein Dämpfungsanteil des Moduls j proportional zu den Verformungsgeschwindigkeiten der Federelemente definiert. Die zugehörige Dämpfungsmatrix wird mit der Diagonalmatrix $\boldsymbol{\kappa}_j$ zu den lokalen Steifigkeiten proportional angesetzt

$$\mathbf{P}_{Qj} = \boldsymbol{U}^T_{Lj}(\mathbf{K}_{Lj}\boldsymbol{\kappa}_j)\,U_{Lj} \tag{4.12h}$$

und trägt zur Dämpfungsmatrix des Gesamtsystems bei. Der spezielle Aufbau der Matrix $\boldsymbol{\kappa}_j$ für die Achsmodule ist in Anhang C zu finden. Gleichung (4.12h) erzeugt im mechanischen Gesamtsystem ein Lehrsches Dämpfungsmaß zu den einzelnen Eigenbewegungen, das proportional zu deren ungedämpften Eigenkreisfrequenzen ist /Timoshenko 1974/. Das heißt, das Lehrsche Dämpfungsmaß nimmt linear mit den auftretenden Eigenkreisfrequenzen des ungedämpften Systems zu.

Definiert man die dissipative Energie der geschwindigkeitsproportionalen Dämpfungen des Moduls j

$$E_{Dj} = \frac{1}{2}\dot{\mathbf{q}}_j^T \mathbf{P}_j \dot{\mathbf{q}}_j \ , \qquad (4.12i)$$

berechnen sich die verallgemeinerten Dämpfungskräfte dieses Moduls im Gesamtsystem aus der partiellen Ableitung von E_{Dj} nach $\dot{\mathbf{q}}_j$ /Pestel 1971/. Zu $\mathbf{P}_j$ können nun außer P_{Qj} aus (4.12h) weitere modulinterne geschwindigkeitsproportionale Dämpfungen beitragen, die in der globalen Matrix P_{bj} zusammengefaßt sein mögen. P_{bj} läßt sich, wie in Anhang C für die Antriebsdämpfungen der Achsmodule beschrieben, analog zu den Steifigkeiteigenschaften aus der lokalen und globalen Übereinstimmung der dissipativen Energie mit entsprechenden Koinzidenzbeziehungen für die betreffenden lokalen Geschwindigkeiten ermitteln. Der Anteil des Moduls an der globalen Dämpfungsmatrix des Gesamtsystems ist damit:

$$\mathbf{P}_j = \mathbf{P}_{Qj} + P_{bj} \ . \qquad (4.12j)$$

Eingangsgrößen in die Module sind die eingeprägten Kraft- und Momentenvektoren, die Gewichtskräfte, Störkräfte und -momente sowie Steuergrößen enthalten. Neben dem Koordinatensystem, bezüglich dem ein Kraft-/Momentenvektor zerlegt ist, ist der Körper im Modul, auf den der betrachtete Kraft-/Momentenvektor wirkt, bzw. der zugehörige Vektor der Translations-/Rotationsgeschwindigkeiten anzugeben. Die Beschreibung der auftretenden Eingangsgrößen kann daher gemeinsam mit den Trägheitseigenschaften (4.12c) erfolgen. Dieses geschieht, indem die Kraft- und Momentenvektoren $\mathbf{F}_{T..j}$ und $\mathbf{F}_{R..j}$ wie in (4.12b) sortiert und zu einem verallgemeinerten Kraftvektor

$$\mathbf{F}_j = [\mathbf{F}_{T1j}^{(\#)\,T}, \mathbf{F}_{T2j}^{(+)\,T}, \ \cdots \ | \ \mathbf{F}_{R1j}^{(\bullet)\,T}, \mathbf{F}_{R2j}^{(\$)\,T}, \ \cdots \ ]^T \qquad (4.12k)$$

der eingeprägten Kräfte und Momente zusammengefaßt werden. Die Symbole #, +, * und $ stehen für die Koordinatensysteme, in denen die Vektoren angegeben werden.

Als **Ausgangsgrößen** der Module treten Meßgrößen und interessierende Größen auf, die sich mit den beschriebenen Moduleigenschaften als Funktionen der generalisierten relativen Lagekoordinaten $\mathbf{q}_j$ und Geschwindigkeiten $\dot{\mathbf{q}}_j$ angeben lassen. Sie werden zu Ausgangsvektoren $\mathbf{y}_j$ zusammengefaßt. In Anhang C sind beispielhaft die Meßausgangsvektoren von Hochachse, Schulter und Ellbogen aufgeführt, die für die spätere Regelung des Gesamtsystems insgesamt 10 Meßgrößen zur Verfügung stellen.

Die vorgenommene Modularisierung und Beschreibung der Module durch geeignete *generalisierte Koordinaten* ($\mathbf{q}_j$), *die lokale Kinematik* ($\mathbf{r}^{(j)}_{K..rel,j}, \dot{\mathbf{r}}^{(j)}_{K..rel,j}, \mathbf{\Omega}^{(j)}_{K..rel,j}, \mathbf{r}^{(j)}_{j,j+1}, \mathbf{T}^{(j,j+1)}, \mathbf{\Omega}^{(j)}_{j+1,j}$), *ihre Trägheits-, Steifigkeits- und Dämpfungseigenschaften* ($\mathbf{M}_j, \mathbf{Q}_j, \mathbf{P}_j$) sowie *Ein- und Ausgangsgrößen* ($\mathbf{F}_j, \mathbf{y}_j$) als **Moduldaten** ist die Vorraussetzung zur Formulierung der Bewegungsgleichungen, wie sie im folgenden Abschnitt vorgenommen wird.

4.3 Bewegungsgleichungen

Eine Möglichkeit zur Berechnung der Bewegungsgleichungen holonomer mechanischer Systeme sind die Lagrangeschen Gleichungen zweiter Art

$$\frac{d}{dt}\left(\frac{\partial E_{kin}}{\partial \dot{\mathbf{q}}}\right) - \frac{\partial E_{kin}}{\partial \mathbf{q}} + \frac{\partial E_{pot}}{\partial \mathbf{q}} = \mathbf{f} \quad . \tag{4.13a}$$

Mit dem Modulkonzept aus Abschnitt 4.2.4 summiert sich die kinetische und potentielle Energie E_{kin} und E_{pot} des Gesamtsystems aus den Energieanteilen der einzelnen Module. Gleiches gilt für den Vektor der generalisierten Kräfte $\mathbf{f}$. Den Aufbau des Vektors $\mathbf{q}$ der generalisierten Lagekoordinaten aus den Lagekoordinaten der Module gibt (4.12a) wieder. Aus der Beschreibung der lokalen kinematischen Zusammenhänge in den Moduldaten und der Verkopplung der Module zum Gesamtsystem durch die indexgesteuerte Zuordnung von Modul- und Koppelkoordinatensystemen (vgl. Abschnitt 4.2.4) ergeben sich mit Gleichungen (4.4a), (4.7b) und (4.8b) rekursiv die Vektoren der absoluten Translations- und Rotationsgeschwindigkeiten $\boldsymbol{v}_{K..}$ und $\boldsymbol{\Omega}_{K..}$ der in den Modulen enthaltenen Körper, die gemäß (4.12b) je Modul zum Vektor $\boldsymbol{v}_{Mj}$ zusammengefaßt werden. Für skleronome mechanische Systeme sind diese Geschwindigkeitsvektoren allein Funktionen der generalisierten Lagekoordinaten $\mathbf{q}$ und Geschwindigkeiten $\dot{\mathbf{q}}$ des Gesamtsystems. Aufgrund der linearen Abhängigkeit von $\dot{\mathbf{q}}$ läßt sich die Aufspaltung

$$\boldsymbol{v}_{K..j}^{(*)}(\mathbf{q},\dot{\mathbf{q}}) = \boldsymbol{v}_{T..j}^{(*)}(\mathbf{q},\dot{\mathbf{q}}) = \boldsymbol{V}_{T..j}^{(*)}(\mathbf{q})\,\dot{\mathbf{q}} \quad ,$$

$$\boldsymbol{\Omega}_{K..j}^{(*)}(\mathbf{q},\dot{\mathbf{q}}) = \boldsymbol{v}_{R..j}^{(*)}(\mathbf{q},\dot{\mathbf{q}}) = \boldsymbol{V}_{R..j}^{(*)}(\mathbf{q})\,\dot{\mathbf{q}} \tag{4.13b}$$

vornehmen. $\boldsymbol{V}_{T..j}^{(*)}(\mathbf{q})$ und $\boldsymbol{V}_{R..j}^{(*)}(\mathbf{q})$ sind die in das Koordinatensystem $*$, bezüglich der die Geschwindigkeitsvektoren der Körper im Modul zerlegt sind, transformierten Jacobimatrizen der Translation und Rotation, die sich durch Aussortieren von $\dot{\mathbf{q}}$ aus der symbolischen Darstellung der Geschwindigkeitsvektoren ergeben. Die Transformation der Jacobimatrizen in ein anderes

Koordinatensystem geschieht wie bei den Geschwindigkeitsvektoren mit der Beziehung

$$V_{..j}^{(+)} = \mathbf{T}^{(+,\bullet)} V_{..j}^{(\bullet)} \quad , \qquad (4.13c)$$

in der die Symbole + und • die betreffenden Koordinatensysteme kennzeichnen.

Sind die Translations- und Rotationsgeschwindigkeiten der Körper eines jeden Moduls j bezüglich des Modulkoordinatensystems angegeben, wird aus (4.12b):

$$\boldsymbol{v}_{Mj}^{(j)}(\mathbf{q},\dot{\mathbf{q}}) = V_{Mj}^{(j)}(\mathbf{q})\,\dot{\mathbf{q}} \quad . \qquad (4.13d)$$

Entsprechend der Struktur von $\boldsymbol{v}_{Mj}^{(j)}$ aus (4.12b), enthält $V_{Mj}^{(j)}$ "zeilenweise" untereinander die in das Modulkoordinatensystem transformierten Jacobimatrizen der Translation und Rotation.

Mit den modulweise berechneten Geschwindigkeiten und den restlichen Angaben aus den Moduldaten (Abschnitt 4.2.4) liefern die Lagrangeschen Gleichungen nach einiger Rechnung (siehe Anhang C) die Bewegungsgleichungen:

$$\sum_{j=0}^{n_j-1} V_{Mj}^{(j)\,T} \mathbf{M}_j V_{Mj}^{(j)} \;\ddot{\mathbf{q}} + \sum_{j=0}^{n_j-1} \left(V_{Mj}^{(j)\,T} \mathbf{M}_j \frac{\partial \boldsymbol{v}_{Mj}^{(j)}}{\partial \mathbf{q}^T}\;\dot{\mathbf{q}} + V_{Mj}^{(j)\,T} \begin{bmatrix} \boldsymbol{\Omega}_j^{(j)} \times \mathbf{M}_{T1j} \boldsymbol{v}_{T1j}^{(j)} \\ \vdots \\ \boldsymbol{\Omega}_j^{(j)} \times \mathbf{M}_{R1j} \boldsymbol{v}_{R1j}^{(j)} \\ \vdots \end{bmatrix} \right)$$

$$+ \underset{j=0}{\overset{n_j-1}{\mathrm{diag}}}(\mathbf{P}_j)\;\dot{\mathbf{q}} + \underset{j=0}{\overset{n_j-1}{\mathrm{diag}}}(\mathbf{Q}_j)\;\mathbf{q} = \sum_{j=0}^{n_j-1} \left[V_{T1j}^{(+)\,T} \;..\; V_{R1j}^{(\bullet)\,T} \;..\right] \begin{bmatrix} \mathbf{F}_{T1j}^{(+)} \\ \vdots \\ \mathbf{F}_{R1j}^{(\bullet)} \\ \vdots \end{bmatrix} \quad . \qquad (4.14a)$$

Dabei wird von konstanten lokalen Massenmatrizen $\mathbf{M}_j$ der Module ausgegangen. Im Fall einer Abhängigkeit von $\mathbf{M}_j$ von den generalisierten Koordinaten q_j, ist (4.14a) um einen zusätzlichen Term zu ergänzen (vgl. Anhang C). n_j ist die Anzahl der Module, die das mechanische System aufbauen, und $\mathbf{\Omega}_j^{(j)}$ die Führungswinkelgeschwindigkeit des Modulkoordinatensystems j. Durch die Beschreibung der Module mit speziellen generalisierten Koordinaten, die Relativkoordinaten bzgl. des Modulkoordinatensystems sind, treten Verkopplungen nur in den Trägheitstermen und auf der rechten Seite von (4.14a) über die Jacobimatrizen auf. Zur Bildung der generalisierten Kräfte auf der rechten Seite, sind die den Kraft- und Momentenvektoren ($\neq \mathbf{0}$) in $\mathbf{F}_j$ zugeordneten Jacobimatrizen mit (4.13c) in die Koordinatensysteme zu transformieren, in denen die entsprechenden Vektoren angegeben sind (vgl. Anmerkungen zu Gleichung (4.12k)). Die notwendigen Transformationsmatrizen lassen sich aus den Kinematikangaben in den Moduldaten und der Verkopplung zum Gesamtsystem aufbauen.

Gleichung (4.14a) stellt zusammen mit der Relativkinematik aus Abschnitt 4.2.2 einen Weg zur Formulierung der Bewegungsgleichungen für Systeme mit "Baumstruktur" dar, wie sie bei Industrierobotern in den meisten Fällen vorliegen. Als Vorraussetzung ist das mechanische System wie beschrieben in Module aufzuteilen, deren "inneren Eigenschaften" jeweils relativ zu einem "Modulkoordinatensystem" mit moduleigenen "generalisierten Koordinaten" abgeschlossen beschreibbar sind und in symbolischer Form als "Moduldaten" abgelegt werden. Diese modulorientierte Vorgehensweise weist die folgenden Vorteile auf:

- Ein Modul kann sich aus einer größeren Zahl von Elementen (Massen, Federn, ..) zusammensetzen. Bei Einbau in ein Gesamtsystem liegen mit der symbolischen Beschreibung der Moduleigenschaften in den Moduldaten schon eine Anzahl symbolischer Ausdrücke vor, die optimal zusammengefaßt nur noch in die Bewegungsgleichungen einzusetzen sind. Zu diesen Ausdrücken zählen die Dämpfungs- und Steifigkeitseigenschaften P_j und $\mathbf{Q}_j$ sowie der Vektor der Ausgangsgrößen $\mathbf{y}_j$.

- Jedes Modul kann mehrfach ohne eine erneute Beschreibung seiner Eigenschaften im Gesamtsystem auftreten. Als Beispiel entsteht durch wiederholten Einbau der Schulter in Bild 4.5 ein vier-, fünf- und mehrachsiges Modell.

- Die Bewegungsgleichungen (4.14a) lassen sich modulweise aufstellen und abspeichern, was besonders bei großen Systemen eine symbolische Formulierung teilweise erst ermöglicht.

Werden in Gleichung (4.14a) auf der rechten Seite die Gewichtskräfte herausgezogen und in einem getrennten Vektor $\mathbf{g}(\mathbf{q})$ zusammengefaßt, erhält man für die Bewegungsgleichungen des Gesamtsystems in abgekürzter Schreibweise:

$$\mathbf{M}(\mathbf{q})\,\ddot{\mathbf{q}} + \mathbf{h}(\mathbf{q},\dot{\mathbf{q}}) + \mathbf{P}\,\dot{\mathbf{q}} + \mathbf{Q}\,\mathbf{q} = \mathbf{S}(\mathbf{q})\,\mathbf{u}_F + \mathbf{g}(\mathbf{q}) \quad . \qquad (4.14b)$$

Durch Vergleich von (4.14b) mit (4.14a) lassen sich die einzelnen Terme einander zuordnen.
$\mathbf{M}(\mathbf{q})$ bezeichnet die im allgemeinen Fall vom generalisierten Lagevektor abhängige Massenmatrix des Gesamtsystems. Für den betrachteten Knickarmroboter sind die Elemente der Massenmatrix Funktionen der Abtriebswinkel φ_{1y} und φ_{2y} des Schulter- und Ellbogenantriebszweiges (vgl. Bild 4.1). Der Vektor $\mathbf{h}(\mathbf{q},\dot{\mathbf{q}})$ enthält die Coriolis- und Zentrifugalanteile. Die Dämpfungs- und Steifigkeitsmatrix des Gesamtsystems $\mathbf{P}$ und $\mathbf{Q}$ sind im betrachteten Fall konstante Matrizen; die $\mathbf{P}$ und $\mathbf{Q}$ aufbauenden Diagonalblöcke $\mathbf{P}_j$ und $\mathbf{Q}_j$ aus den Moduldaten können aber für komplexere Module als die Achsmodule aus Abschnitt 4.2.4, Bild 4.5, jeweils Funktionen der betreffenden generalisierten Koordinaten $\mathbf{q}_j$ sein. Wie aus dem Aufbau aus Jacobimatrizen in Gleichung (4.14a) hervorgeht, ist auch die Steuereingriffsmatrix $\mathbf{S}(\mathbf{q})$ im allgemeinen eine Funktion der generalisierten Lagekoordinaten des Gesamtsystems, für das betrachtete Ersatzmodell und die im Vektor der Steuer- und Störgrößen $\mathbf{u}_F$ berücksichtigten Kräfte und Drehmomente jedoch

konstant. u_F enthält hier die zwischen den Antriebsdrehmassen und Gehäusen angreifenden Antriebsdrehmomente M_{Aj}, die im Anhang C zu Abschnitt 4.2.4 beschrieben sind.

Zur Berechnung der Bewegungsgleichungen des physikalischen Ersatzmodells Bild 4.1 in symbolischer Form wurde das Formelmanipulationspaket MAPLE /Char B.W. u.a. 1985/ verwendet, das alle notwendigen Operationen, wie z.B. partielle Differentiation, Matrizenalgebra, Sortieren, Zusammenfassen etc., bereits symbolisch zur Verfügung stellt. Unter Anwendung dieser Grundoperationen lassen sich die Rekursionsformeln (4.7b) und (4.8b) für die Kinematik und die Beziehungen (4.13d) und (4.14a) zum Aufbau der Bewegungsgleichungen relativ einfach programmieren. Mit den Moduldaten der einzelnen Module erhält man schließlich die symbolischen Bewegungsgleichungen (4.14b) des konkreten mechanischen Systems.

Für die nichtlineare digitale Simulation wird (4.14b) in bekannter Weise in die Zustandsdarstellung

$$\frac{d}{dt}\begin{bmatrix} q \\ \dot{q} \end{bmatrix} = \begin{bmatrix} 0 & I \\ -\mathbf{M}^{-1}\mathbf{Q} & -\mathbf{M}^{-1}\mathbf{P} \end{bmatrix}\begin{bmatrix} q \\ \dot{q} \end{bmatrix} + \begin{bmatrix} 0 \\ \mathbf{M}^{-1}(\mathbf{S}\mathbf{u}_F+\mathbf{g}-\mathbf{h}) \end{bmatrix} \qquad (4.15a)$$

überführt. Dabei kann die Massenmatrix bei einfachen Systemen noch symbolisch invertiert und (4.15a) symbolisch angegeben werden. In den meisten Fällen ist jedoch eine symbolische Inversion der Massenmatrix nicht mehr möglich, so daß sie in der Simulation numerisch durchgeführt wird. Die Ausgangsgrößen für die Simulation des mechanischen Systems sind zu einem Teil die im Meßausgangangsvektor $\mathbf{y}_m$ (Index m für measurement) enthaltenen Meßgrößen der einzelnen Module (vgl. Abschnitt 4.2.4 und Anhang C):

$$\mathbf{y}_m = C_m \begin{bmatrix} q \\ \dot{q} \end{bmatrix} \qquad \text{mit} \qquad \mathbf{y}_m = [\mathbf{y}_{m\,0}^T, \cdots, \mathbf{y}_{m\,j}^T, \cdots, \mathbf{y}_{m\,n_j-1}^T\,]^T \quad . \qquad (4.15b)$$

Sie werden durch Größen zur Information sowie zur Verfolgung einer bestimmten Strategie beim späteren Reglerentwurf ergänzt, die in einem Vektor interessierender Ausgangsgrößen $\mathbf{y}_o$ (Index o für objective) zusammengefaßt sind.

4.3.1 Linearisierung um eine stationäre Ruhelage

Abschätzungen der entsprechenden Terme und spätere Simulationsergebnisse für den vorliegenden elastischen Knickarmroboter zeigen, daß die auftretenden Zentrifugal- und Coriolisanteile $\mathbf{h}(\mathbf{q},\dot{\mathbf{q}})$ in den Bewegungsgleichungen verglichen mit den Trägheits- und elastischen Anteilen nur geringen Einfluß auf das Bewegungsverhalten des Gesamtsystems haben, so daß sie für die folgende Parameteridentifizierung und den späteren Entwurf einer linearen Mehrgrößenregelung vernachlässigt werden dürfen. Als Folge entkoppeln sich bei Linearisierung der Bewegungsgleichungen um eine stationäre Ruhelage die Bewegungen um die Hochachse (in Umfangsrichtung) und in der Schulter-/Ellbogenebene (Vertikalebene). Ferner können, solange das linearisierte Modell betrachtet wird, die Gewichtskräfte im Vektor $\mathbf{g}(\mathbf{q})$, wegen ihres bei der Linearisierung unbedeutenden Beitrages, unberücksichtigt bleiben. Geht man von einer Kompensation der in $\mathbf{u}_F$ enthaltenen Antriebsreibmomente nach Abschnitt 3 aus, treten nur noch die elektrisch eingeprägten Motormomente M_{Mj} (j=0,1,2) als Steuereingangsgrößen in das mechanische System auf (vgl. Anhang C zu Abschnitt 4.2.4). Für eine stationäre Ruhelage mit $\ddot{\mathbf{q}}_s=\dot{\mathbf{q}}_s=0$, $\mathbf{q}=\mathbf{q}_s+\Delta\mathbf{q}$ und $\mathbf{u}_F=\mathbf{u}_{Fs}+\Delta\mathbf{u}_F$ lauten dann die linearisierten Bewegungsgleichungen

$$\mathbf{M}(\mathbf{q}_s)\,\Delta\ddot{\mathbf{q}} + \mathbf{P}\,\Delta\dot{\mathbf{q}} + \mathbf{Q}\,\Delta\mathbf{q} = \mathbf{S}\,\Delta\mathbf{u}_F \quad , \qquad (4.16a)$$

die sich in gleicher Weise wie zu (4.14b) beschrieben in eine Zustandsdarstellung für das linearisierte System bringen lassen. Durch einsetzen der stationären Ruhelage $\mathbf{y}_m=\mathbf{y}_{ms}+\Delta\mathbf{y}_m$ für die Ausgangsgrößen erhält man analog zu (4.15b) die linearisierten Ausgangsgleichungen:

$$\Delta y_m = C_m \begin{bmatrix} \Delta q \\ \Delta \dot{q} \end{bmatrix} \quad . \tag{4.16b}$$

Um in der folgenden Parameteridentifizierung eine bessere Anpassung des Modells an das gemessene Verhalten des Versuchsstandes zu erzielen, kann nach /Timoshenko 1974/ in das nach Einsetzen der Parameter numerische Modell (4.16) ein modaler Dämpfungsanteil eingefügt werden. Diese modale Dämpfung wird in der Art angesetzt, daß sie allen Eigenfrequenzen des ungedämpften mechanischen Systems ein gleiches, konstantes Lehrsches Dämpfungsmaß vermittelt. Im Gegensatz dazu brachte der Ansatz von $\mathbf{P}_{Qj}$ mit (4.12h) ein linear mit den Eigenfrequenzen des ungedämpften Systems zunehmendes Dämpfungsmaß. Mit beiden Dämpfungsanteilen ist man nun in der Lage, tiefe Eigenfrequenzen über den modalen Anteil mit der notwendigen Dämpfung zu versehen und die Dämpfung mittlerer und hoher Eigenfrequenzen mit dem steifigkeitsproportionalen Ansatz einzustellen, ohne die hohen Eigenfrequenzen zu überdämpfen (so stark zu dämpfen, daß aus dem zugehörigen konjugiert komplexen Eigenwertpaar zwei reelle Eigenwerte entstehen). Die aus dem modalen Anteil resultierende Dämpfungsmatrix im "Original-Koordinatenraum" berechnet sich aus der Kongruenztransformation

$$\mathbf{P}_{modal} = (\mathbf{X}^{-1})^T \overline{\mathbf{P}} \mathbf{X}^{-1} \tag{4.17a}$$

der im Modalraum angesetzten Matrix

$$\overline{\mathbf{P}} = \underset{i=1}{\overset{n_q}{\mathrm{diag}}}(2 d \omega_{0i} \overline{m}_{ii}) \quad . \tag{4.17b}$$

Die benötigten Eigenfrequenzen ω_{0i} des ungedämpften mechanischen Systems und die Transformationsmatrix $\mathbf{X}$ erhält man aus der Eigenwertaufgabe

$$\mathbf{X}^{-1}\mathbf{M}^{-1}\mathbf{Q}\mathbf{X} = \operatorname*{diag}_{i=1}^{n_q}(\omega_{0i}^2) \quad , \tag{4.17c}$$

die modalen Massen $\overline{m}_{ii}$ liefert die Kongruenztransformation

$$\mathbf{X}^T\mathbf{M}\mathbf{X} = \operatorname*{diag}_{i=1}^{n_q}(\overline{m}_{ii}) \quad , \tag{4.17d}$$

und d ist das gewünschte konstante Lehrsche Dämpfungsmaß. Zur Nachbildung von Materialdämpfung kann d etwa zwischen 0.01 und 0.03 angenommen werden.

4.4 Identifizierung der physikalischen Modellparameter

Um eine realistische Grundlage für den Entwurf einer Regelung zu erreichen, sind die aus Geometrie-, Material- und Herstellerangaben zum Teil nur näherungsweise bekannten physikalischen Parameter des mathematischen Modells in der Weise zu korrigieren, daß mit der angesetzten Modellstruktur eine optimale Übereinstimmung des dynamischen Verhaltens von Modell und realem Systems erreicht wird. Zur Beschreibung des Systemverhaltens haben sich für diese Identifikationsaufgabe aus früheren Arbeiten (u.a. /Henrichfreise 1984/) Frequenzgänge als besonders geeignet erwiesen. Sie enthalten im Betrags- und Phasenverlauf Information über den gesamten interessierenden Frequenzbereich, die nicht nur Verzögerungs- und Resonanzverhalten, sondern im Gegensatz zu Zeitantworten auch Tilgungseffekte deutlich zum Vorschein bringt. Bei etwas genauerer Kenntnis des Systems sind häufig für bestimmte Frequenzbereiche tendenzielle Abhängigkeiten der Kennlinien von bestimmten Parametern zu erkennen, die für eine grobe Vorkorrektur der Startparameter hilfreich sein können. Die Ermittlung der optimalen Modellparameter geschieht mit Hilfe eines speziellen Identifizierungsverfahrens /Panther 1984/ durch die Minimierung der Abweichungen von mit dem Modell gerechneten zu im Versuch gemessenen Frequenzgängen.

4.4.1 Frequenzgangmessung

Die Messung relevanter Frequenzgänge am Versuchsstand erfolgt mittels einer auf Fast Fourier Transformation beruhenden Spektralanalyse /Bendat u. Piersol 1980/ bei Anregung mit Rauschen (geeigneter Intensität und Bandweite) an den Stromsollwerteingängen der einzelnen stromgeregelten Gleichstrommotoren. Im Frequenzbereich $\leq$ 100 Hz können die Stromsollwerte, wegen der Schnelligkeit der in den Servoverstärkern integrierten analogen Stromregelungen, als proportional zu den entsprechenden Motormomenten betrachtet werden. Verwendet man jedoch direkte Motorstrommessungen, die hier über Hallsondengeber in den Motorstromkreisen zur Verfügung stehen, erhält man mit den Istströmen und den zugehörigen Konstanten der Motoren Signale für die Drehmomente, ohne den Phasenanteil aus dem Übertragungsverhalten der Servoverstärker. Von diesen Signalen ausgehend, die den Eingangsgrößen des mechanischen Modells entsprechen, werden alle in ihrem Signalpegel bedeutenden Übertragungsverhalten zu den Meßgrößen des Versuchsstandes ermittelt. Um die Einflüsse nicht zu vernachlässigender Dynamik einzelner Meßketten auszuschalten, können die zugehörigen Frequenzgänge in die Ergebnisse eingerechnet werden. Für die Meßketten zur DMS-Krümmungsmessung, die Trägerfrequenzverstärker und Besselfilter dritter Ordnung enthalten, erfolgt dieses durch Division der gemessenen Frequenzgangverläufe durch den Filterfrequenzgang. Auf diese Weise liegen zur Identifizierung der mechanischen Modellparameter schließlich Messungen für das rein mechanische Systemverhalten vor. Die Einbeziehung der bekannten Eigenschaften der Servoverstärker und Meßketten in den Identifikationsvorgang würde dagegen einen nicht unbedeutenden Mehraufwand mit sich bringen.

Einen wesentlichen Einfluß auf die Qualität der gemessenen Frequenzgänge üben die Coulombschen Reibmomente und die Getriebelose in den Antriebszweigen aus. Um diese relativ "harten" Nichtlinearitäten nicht in Form äquivalenter Parameter mit den gesuchten linearen Systemparametern zu vermischen, sind während der Meßwertaufnahme am Versuchsstand bestimmte Betriebsbedingungen einzuhalten /Henrichfreise 1984/. Soweit sie später interessieren, können die nichtlinearen Parameter der Reibungs- und Losekennlinien in (quasi-)statischen Experimenten separat bestimmt werden. Im Fall der Beobachtung und Aufschaltung der Antriebsreibmomente ist aber die genaue Kenntnis dieser Daten nicht so bedeutend. Im folgenden wird auf die gewählte Vorgehensweise zur Minimierung des Reibungs- und Loseeinflusses auf die Frequenzgangverläufe eingegangen.

Die Messung der Frequenzgänge erfolgt für eine bestimmte stationäre Ruhelage, für die später auch das mathematische Modell zu linearisieren und anzupassen ist. Würde das System in dieser Ruhelage jeweils an einem Motor mit mittelwertfreiem Rauschen angeregt und das Übertragungsverhalten zu den betroffenen Meßgrößen bestimmt, würden die Reibungskennlinien

dauernd im Bereich der Bewegungsumkehr durchlaufen. Als Folge würde sich der in diesem Bereich sprungähnliche Kennlinienverlauf der Reibungen durch einen "statistischen Mittelungsprozeß" in Form äquivalenter geschwindigkeitsproportionaler Dämpfungsfaktoren, die vom Betrag abhängig von den Verteilungsfunktionen und Aussteuerungen der einzelnen Motorwinkelgeschwindigkeiten sind, in den Meßergebnissen niederschlagen. Entsprechende Beispiele von Meßergebnissen am Hochachsantrieb sind in /Henrichfreise 1984/ zu finden. Versieht man jeden Achsantrieb mit einer schwach angezogenen Lageregelung und schaltet jeder Achse eine langsame, alternierende Bewegung mit kleiner Amplitude und stückweise konstanter Winkelgeschwindigkeit geeigneter Größe auf, läßt sich die dauernde Ansteuerung der Reibungskennlinie im Bereich der Bewegungsumkehr vermeiden. Bei Anregung jeweils nur eines Antriebes am Motorstromsollwert mit Rauschen erfolgt die Messung der Frequenzgänge nun in der Weise, daß eine Mittelung der aktuellen Spektren der Ein- und Ausgangssignale immer nach Umkehr der überlagerten Bewegung um die Ruhelage getriggert wird und vor der nächsten Richtungsänderung der Winkelgeschwindigkeiten abgeschlossen ist. Während der Meßzeit ist, bei richtiger Wahl der konstanten Winkelgeschwindigkeiten und der Intensität der Rauschanregung, das wirksame Reibmoment näherungsweise konstant und wirkt sich nach einer genügenden Anzahl von Mittelungen nur noch im Gleichanteil (Frequenz Null) der gemessenen Spektren aus.
Der Einfluß der Lose kann durch eine möglichst hohe Intensität des aufgeschalteten Rauschprozesses minimiert werden, die dazu führt, daß der Bereich der Lose schnell durchfahren und der Hauptanteil der Bewegung außerhalb der Lose stattfindet. Mit Rücksicht auf die Coulombsche Reibung muß die Intensität jedoch noch deutlich unter der Grenze bleiben, bei der trotz konstanter, überlagerter Motorwinkelgeschwindigkeit Bewegungsumkehr am betreffenden Motor auftritt. Eine andere Möglichkeit ist für die vertikale Bewegungsebene (Schulter, Ellbogen) die Ausnutzung der Gewichtskräfte, die bei nicht zu hoher Anregungsintensität ein einseitiges Verbleiben in der Losekennlinie bewirken.

Bei der Frequenzgangmessung am Gesamtsystem ergeben sich aufgrund der beschriebenen schwachen Lageregelung der Achsen in der vertikalen

Bewegungsebene Veränderungen der interessierenden Meßverläufe, die auf ein zusätzliches Einganssignal in das zu identifizierende mechanische System zurückzuführen sind. Dieses als "unbekannter Eingang" in das System auffaßbare Signal erzeugt die Regelung des momentan nicht mit Rauschen am Stromsollwert angeregten Antriebes (Bild 4.6).

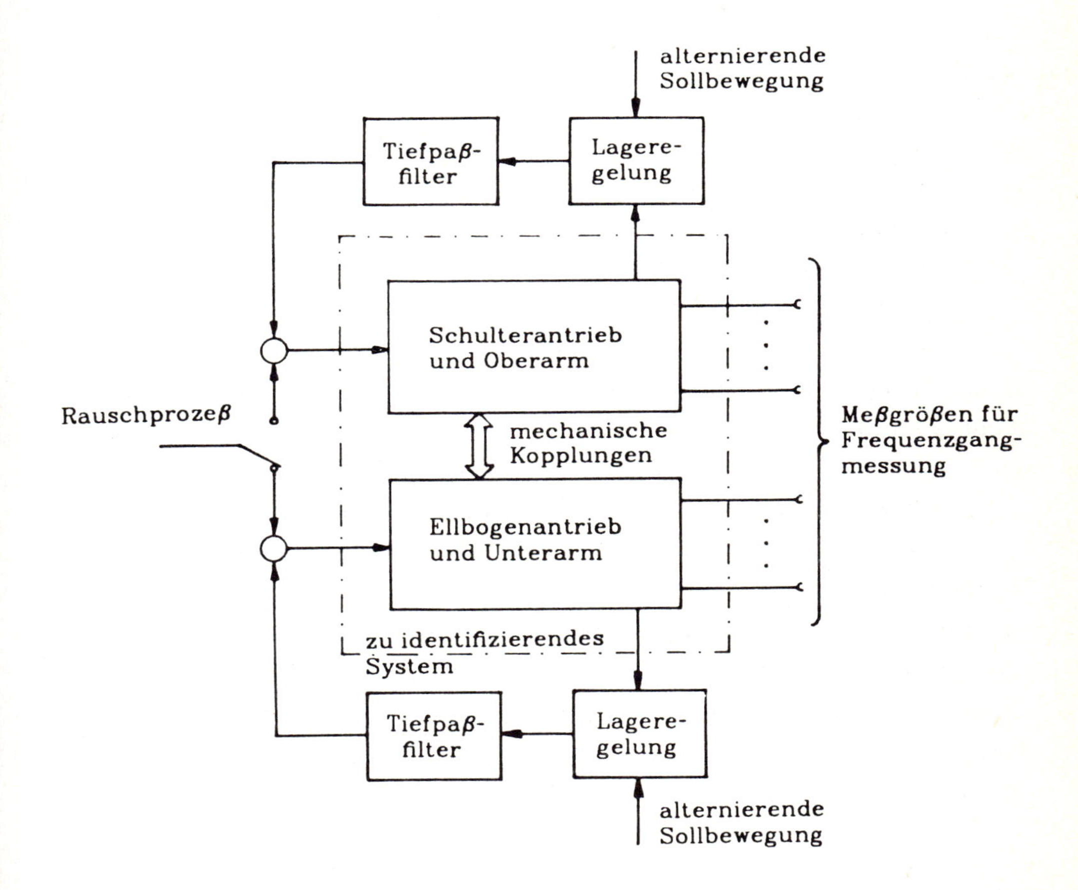

Bild 4.6: Zum Einfluß der Lageregelung auf die Meßergebnisse in der vertikalen Bewegungsebene

Begrenzt man jedoch die Spektralanteile der Reglerausgänge durch Einbau eines Tiefpaßfilters auf niedrige Frequenzen (< 1 Hz), wirkt sich dieser Effekt nicht mehr auf den für die Identifizierung wichtigen höheren

Frequenzbereich aus. Die alternative Möglichkeit, das gesamte lagegeregelte System mit bekannten Reglerparametern zu vermessen und für die Identifikation der Modellparameter anzusetzen, ist wegen der Komplexität des vorliegenden mathematischen Modells und zusätzlich notwendiger symbolischer Rechnungen mit einem größeren Aufwand verbunden.

4.4.2 Anpassung der Modellfrequenzgänge

In Hinblick auf den folgenden Reglerentwurf sind für eine Modellanpassung diejenigen Frequenzgänge von den Motormomenten zu den Meßausgängen, die später in der Regelung Verwendung finden, besonders geeignet. Alle Pfade, die infoge einer schwachen Aussteuerung der Meßausgänge stark von Meßstörungen betroffen sind und/oder trotz oben beschriebener versuchstechnischer Gegenmaßnahmen noch deutlich von Antriebsnichtlinearitäten beeinflußt werden, bleiben zur Vermeidung von Parameterfehlern in der Modellanpassung und einer zu hohen Störempfindlichkeit der späteren Regelung unberücksichtigt. Die Entscheidung läßt sich in den meisten Fällen leicht anhand der zugehörigen, gemessenen Kohärenzfunktionen /Bendat u. Piersol 1980/ als Maß für die Linearität der betreffenden Übertragungspfade und die Wirkung unbekannter Störungen treffen, die dann trotz häufiger Mittelungen einen stark verrauschten Verlauf nahe bei Null aufweisen. Im betrachteten System liegen solche Pfade zwischen dem Motormoment an der Schulter und der Winkelgeschwindigkeitsmessung am Ellbogen sowie dem Ellbogenmoment und der Winkelgeschwindigkeit im Schulterantrieb vor.

Die Messung der Frequenzgänge geschieht nach der Vorgehensweise aus Abschnitt 4.4.1 für die ***stationäre Ruhelage*** $\varphi_{0zs}=0°$, $\varphi_{1ys}=-45°$ und $\varphi_{2ys}=45°$ (vgl. Bild 4.1). Für denselben Betriebspunkt wird das mathematische Modell gemäß Abschnitt 4.3.1 linearisiert. Die Anpassung der mit diesem Modell numerisch berechneten Frequenzgänge an die gemessenen Verläufe erfolgt mit Hilfe eines Gradientensuchverfahrens /Panther 1984/ und dazu bestehender Software, und liefert die endgültigen linearen Parameter des Modells. Als Startparameter für die Identifizierung dienen Werte aus früheren, modulweisen Frequenzganganpassungen für Hochachse, Schulter und Ellbogen, die schon zu einer gewissen, für den Optimierungsstart brauchbaren Übereinstimmung der gerechneten und gemessenen Frequenzgänge des Gesamtsystems führen. Bis auf die Längen der Arme und die Getriebeuntersetzungen, die zur richtigen Beschreibung der Kinematik unverändert bleiben müssen, werden alle Parameter (siehe Tabelle 4.2) der Nachoptimierung unterworfen. Dabei können, wegen der am Ende von Abschnitt 4.3 genannten Entkopplung, die Umfangsrichtung und die vertikale Bewegungsebene getrennt betrachtet werden, so daß für die Umfangsrichtung ein Parametersatz von 18 und für die Vertikalebene von 19 Parametern vorliegt, in denen die Masse des Ellbogenantriebes und die Endmasse gemeinsam auftreten.

In den Bildern 4.7 und 4.8 sind alle Übertragungsverhalten, die zur Parameteridentifizierung verwendet und in der Regelung berücksichtigt werden, angegeben. Dabei sind die Messungen gestrichelt und die mit dem linearisierten, angepaßten Modell gerechneten Frequenzgänge als durchgezogene Verläufe dargestellt. Insgesamt ist für die Umfangsrichtung und die Vertikalebene eine gute Übereinstimmung von Modell und Wirklichkeit feststellbar. Die zu den Krümmungen gemessenen Übertragungsverhalten in Umfangsrichtung weisen durch einige Tilgungs-/Resonanzstellen im oberen dargestellten Frequenzbereich ($\omega > 400\ s^{-1}$) nicht im Modell enthaltenes dynamisches Verhalten auf, das auf Elastizitäten im Grundgestell des Versuchsstandes und dessen Verankerung mit dem Fundament zurückzuführen ist. Durch die Vernachlässigung dieser physikalischen Eigenschaften bei der Modellierung treten jedoch aufgrund der Tiefpaßwirkung der Regelstrecke und der zum Teil schwachen Ausprägung der zugehörigen Resonanzen bei der späteren Regelung des Gesamtsystems keine Schwierigkeiten auf. Falls notwendig könnte auch hier, wie in Abschnitt 3.1 für die Tachoresonanz im Antriebszweig beschrieben, eine geeignete Filterung (Notch-Filter) der betroffenen Meßsignale vorgenommen werden. Der in einigen Frequenzgangmessungen bei hohen Frequenzen zunehmend verrauschte Amplituden- und Phasenverlauf ist auf die dort durch die Tiefpaßwirkung der Strecke niedrigen Signalpegel der Ausgangsgrößen zurückzuführen.

Wie teilweise den Frequenzgängen zu entnehmen ist, teilen sich die Eigenwerte des Systems entsprechend Tabelle 4.1 auf die Bewegungen in Umfangsrichtung und in der vertikalen Ebene auf.
Die stabilen reellen Eigenwerte und die grenzstabilen Eigenwerte im Nullpunkt gehören zu den Schwenkbewegungen der drei Achsen. Sie geben die Verzögerungen zwischen den Motormomenten und Winkelgeschwindigkeiten und die Integrationen zu den Achswinkeln wieder.
Für die Umfangsrichtung können die ersten zwei konjugiert komplexen Eigenwertpaare mit ungedämpften Eigenfrequenzen 58.83 s^{-1} und 170.4 s^{-1} einer gleichphasigen und gegenphasigen Biegeschwingung der Positionierarme zugeordnet werden. Die Eigenformen zu den Eigenfrequenzen 364.5 s^{-1} und 759.3 s^{-1} weisen gemischt Torsions- und Biegungsanteile der Arme auf.
In der vertikalen Bewegungsebene treten bei 84.62 s^{-1} und 198.1 s^{-1} eine gleichphasige und gegenphasige Schwingungsform mit Biegeverformungen der Arme und deutlicher Torsion der Getriebefedern $c_{i..}$ (vgl. Abschnitt 4.1) auf.
Die beiden letzten hochfrequenten Eigenwerte bei 2301 s^{-1} und 7308 s^{-1} sind auf die geringen Trägheitsmomente des Ellbogengehäuses und relativ hohen Steifigkeiten des Ober- und Unterarmes zurückzuführen. Sie sind nahezu entkoppelten Drehschwingungen des Ellbogens um die y_2- und z_2-Achse zuzuordnen.

Tabelle 4.2 enthält die aus der Optimierung durch Frequenzganganpassung stammenden optimalen Parameter. Vergleicht man sie mit den aus Hersteller-, Material- und Geometrieangaben stammenden Nenndaten, ergeben sich zum Teil besonders für den Ober- und Unterarm deutliche Unterschiede, die auf den in Abschnitt 4.2.3 beschriebenen Ansatz der Steifigkeitsmatrizen der Arme mit starren Abschnitten und Elastizitäten der Armbefestigungen zurückzuführen sind. Die größten Abweichungen von den Nennwerten treten für die Biegesteifigkeiten des Oberarmes ($EI_{y1\,nom}$=2.83 10^5 Nm^2, $EI_{z1\,nom}$=4.8 10^4 Nm^2) und die DMS-Abstände ($l_{v1\,nom}=l_{w1\,nom}$=0.375 m) auf. Diese entstehen durch die Anpassung der Frequenzgänge zu den Krümmungen v''_1 und w''_1 des Oberarmes (vgl. Ausgangsgrößen im Anhang C zu Abschnitt 4.2.4), die im Bereich der auftretenden Tilgungen nur mit von den Nenndaten abweichenden Werten die in Bildern 4.7b und 4.8b dargestellten Ergebnisse liefert. Weitere nennenswerte Unterschiede zwischen den optimalen Parameter und ihren Nennwerten liegen für die Antriebsdrehsteifigkeiten ($c_{i1\,nom}$=2.988 10^5 Nm/rad, $c_{i2\,nom}$=8.187 10^4 Nm/rad) und die Biegesteifigkeiten des Unterarmes ($EI_{y2\,nom}$=4.98 10^4 Nm^2, $EI_{z2\,nom}$=1.61 10^4 Nm^2) vor.

Größe	Wert	Einheit	Bezeichnung
J_{A0}	2.90 10^{-3}	kgm^2	Antriebsträgheitsmoment
b_0	1.62 10^{-2}	Nm/(rad/s)	Dämpfungskonstante
i_0	-160		Getriebeuntersetzung mit Drehrichtungsumkehr
c_{i0}	2.964 10^5	Nm/rad	Antriebsdrehsteifigkeit
J_{G1z}	3.66	kgm^2	Antriebsträgheitsmomente
J_{A1y}	7.40 10^{-3}	kgm^2	
b_1	4.04 10^{-2}	Nm/(rad/s)	Dämpfungskonstante
i_1	161		Getriebeuntersetzung
c_{i1}	2.067 10^5	Nm/rad	Antriebsdrehsteifigkeit
l_1	0.75	m	Länge Oberarm
l_{v1}	0.63	m	DMS-Abstände vom
l_{w1}	0.42	m	Armdrehpunkt
EI_{y1}	2.709 10^5	Nm^2	Biegesteifigkeiten
EI_{z1}	2.959 10^4	Nm^2	
			Armsteifigkeiten
$k_{1\,33}$	5.919 10^4	Nm/rad	Torsion um x-Achse
$k_{1\,22}$	2.308 10^7	Nm/m	Biegung um y-Achse
$k_{1\,24}$	7.254 10^6	Nm/rad	
$k_{1\,44}$	3.252 10^6	Nm/rad	
$k_{1\,11}$	4.713 10^6	Nm/m	Biegung um z-Achse
$k_{1\,15}$	-1.594 10^6	Nm/rad	
$k_{1\,55}$	6.144 10^5	Nm/rad	
κ_x	4.0 10^{-4}	$1/s^{-1}$	Dämpfungsfaktoren
κ_y	2.5 10^{-4}	$1/s^{-1}$	
κ_z	2.2 10^{-4}	$1/s^{-1}$	
κ_A	0.0	$1/s^{-1}$	
d	0.015	-	modale Dämpfung
m_2	19.0	kg	Masse Antriebszweig

J_{G2x}	$1.25\ 10^{-1}$	kgm^2	Antriebsträgheitsmomente
J_{G2y}	$4.60\ 10^{-2}$	kgm^2	
J_{G2z}	$1.25\ 10^{-1}$	kgm^2	
J_{A2y}	$6.84\ 10^{-4}$	kgm^2	
b_2	$1.07\ 10^{-2}$	Nm/(rad/s)	Antriebsdämpfung
i_2	209		Getriebeuntersetzung
c_{i2}	$7.414\ 10^4$	Nm/rad	Antriebsdrehsteifigkeit
l_2	0.75	m	Länge Unterarm
l_{v2}	0.25	m	DMS-Abstände vom
l_{w2}	0.25	m	Armdrehpunkt
EI_{y2}	$5.032\ 10^4$	Nm^2	Biegesteifigkeiten
EI_{z2}	$1.711\ 10^4$	Nm^2	
			Armsteifigkeiten
$k_{2\ 22}$	$5.185\ 10^5$	N/m	Biegung um y-Achse
$k_{2\ 11}$	$3.968\ 10^4$	N/m	Biegung um z-Achse
m_3	7.13	kg	Endmasse

Tabelle 4.2: Identifizierte Parameter des dreiachsigen Gesamtsystems (vgl. Bild 4.1 und Abschnitt 4.1)

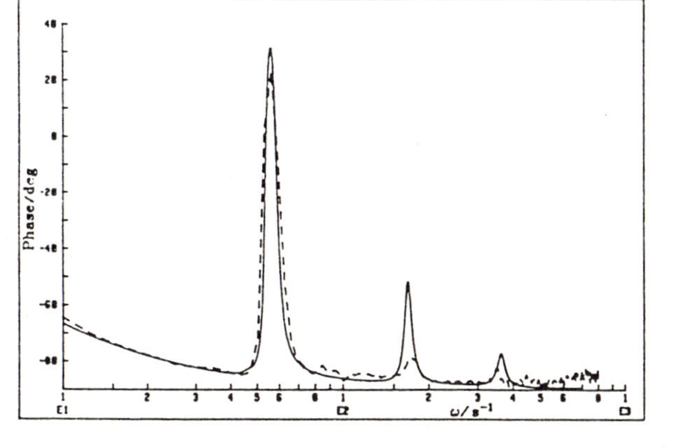

Bild 4.7a: Übertragungsverhalten in Umfangsrichtung
"Winkelgeschwindigkeit Hochachse / Motormoment Hochachse"
—— Rechnung - - - Messung

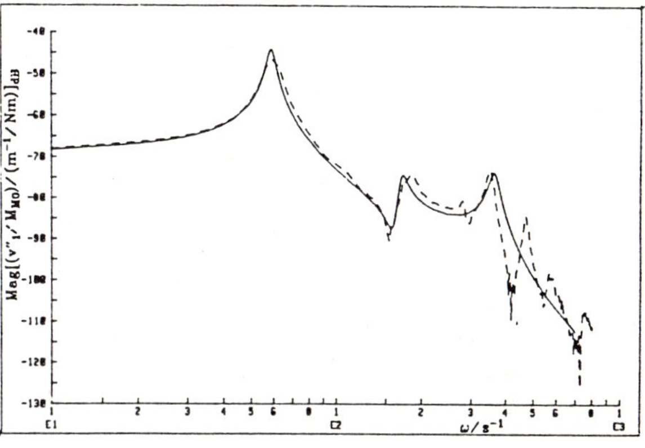

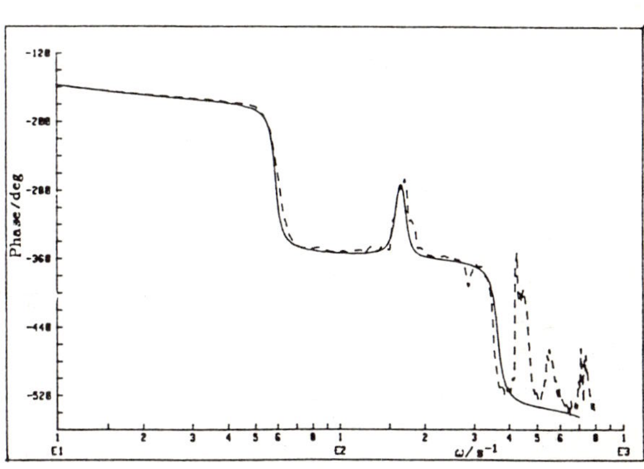

Bild 4.7b: Übertragungsverhalten in Umfangsrichtung
"Krümmung Oberarm / Motormoment Hochachse"
—— Rechnung - - - Messung

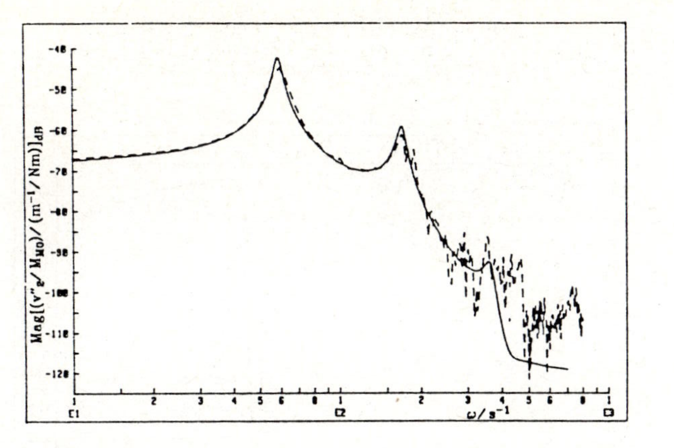

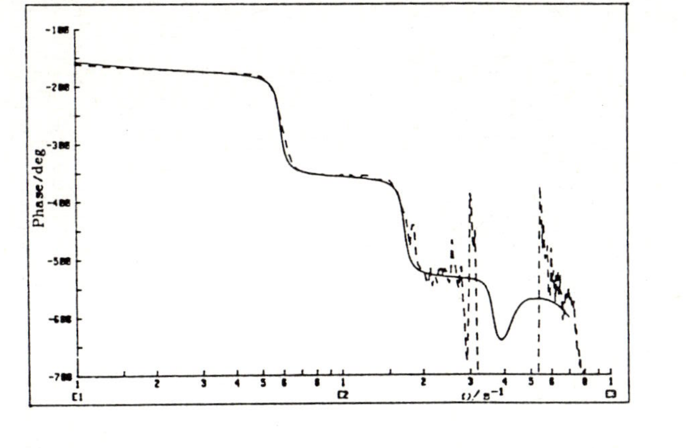

Bild 4.7c: Übertragungsverhalten in Umfangsrichtung
"Krümmung Unterarm / Motormoment Hochachse"
—— Rechnung — — — Messung

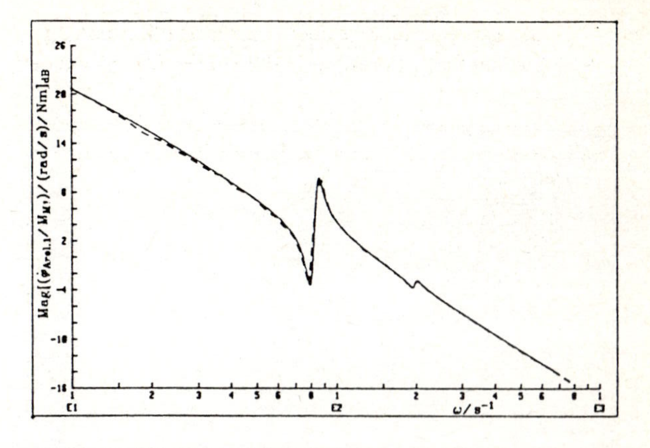

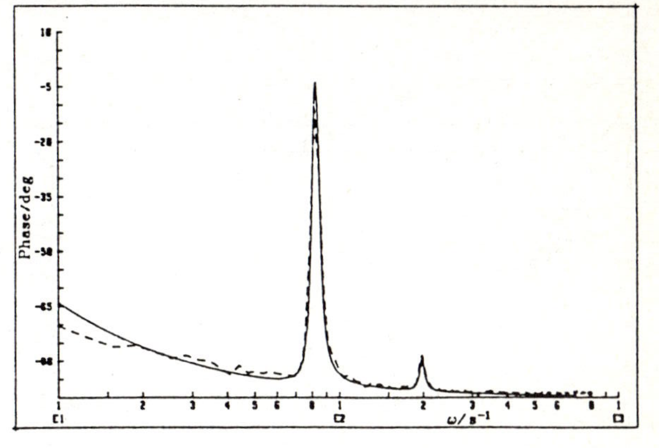

Bild 4.8a: Übertragungsverhalten in vertikaler Ebene
"Winkelgeschwindigkeit Schulter / Motormoment Schulter"
—— Rechnung — — — Messung

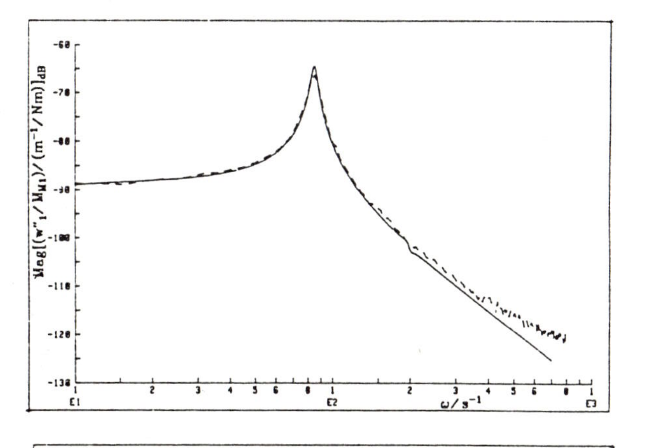

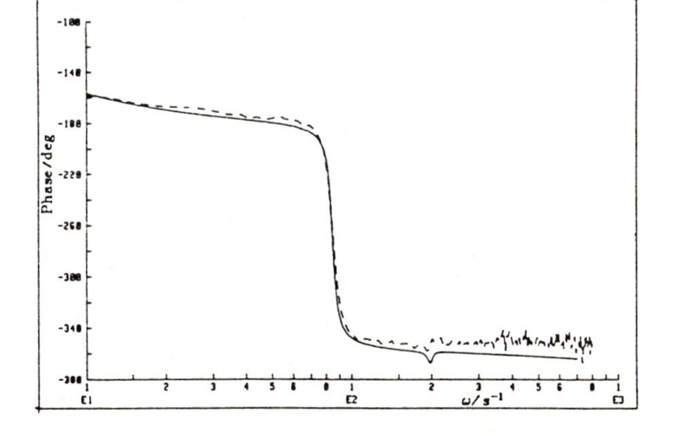

Bild 4.8b: Übertragungsverhalten in vertikaler Ebene
"Krümmung Oberarm / Motormoment Schulter"
—— Rechnung – – – Messung

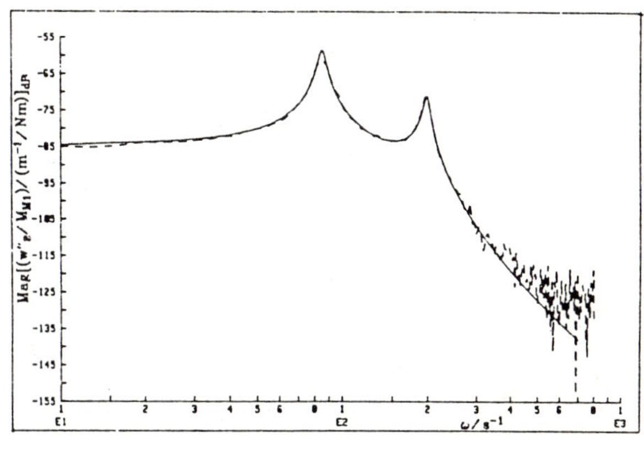

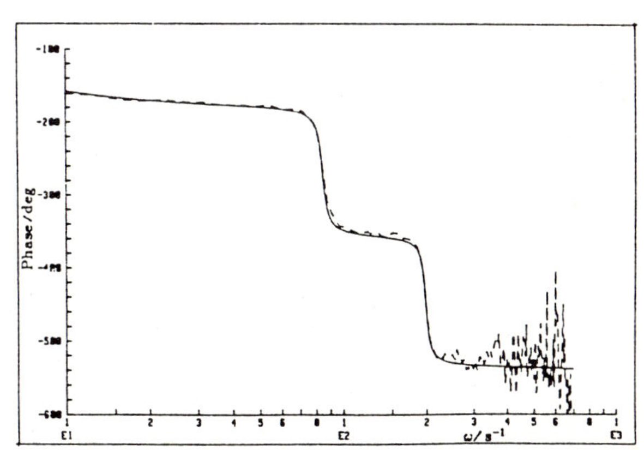

Bild 4.8c: Übertragungsverhalten in vertikaler Ebene
"Krümmung Unterarm / Motormoment Schulter"
—— Rechnung – – – Messung

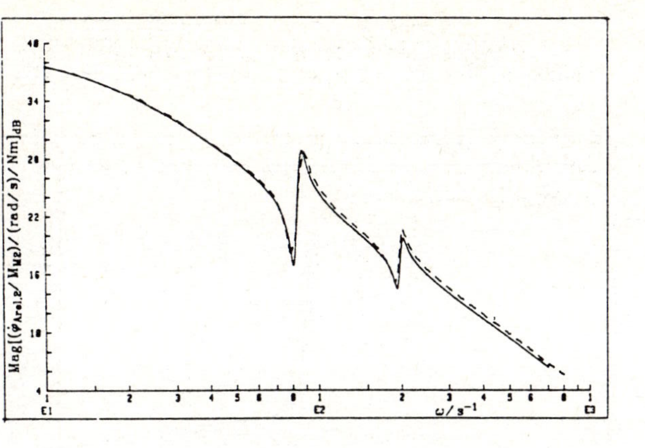

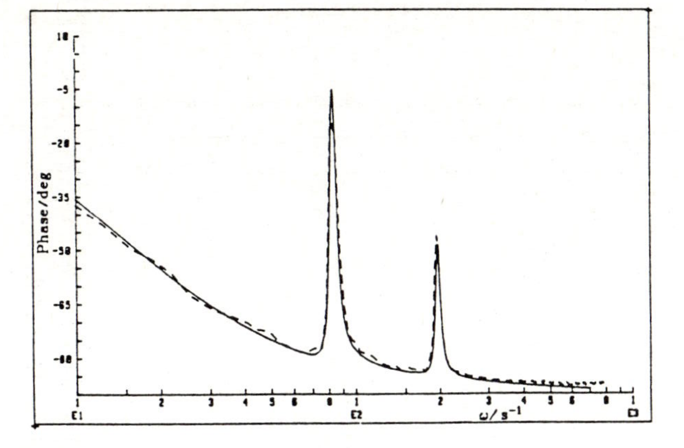

Bild 4.8d: Übertragungsverhalten in vertikaler Ebene "Winkelgeschwindigkeit Ellbogen / Motormoment Ellbogen"
—— Rechnung – – – Messung

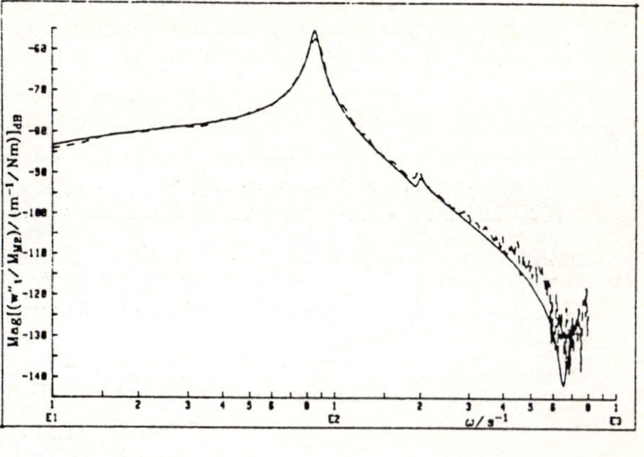

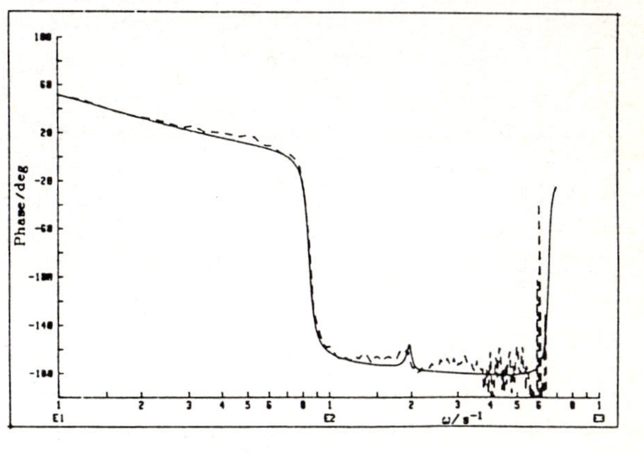

Bild 4.8e: Übertragungsverhalten in vertikaler Ebene "Krümmung Oberarm / Motormoment Ellbogen"
—— Rechnung – – – Messung

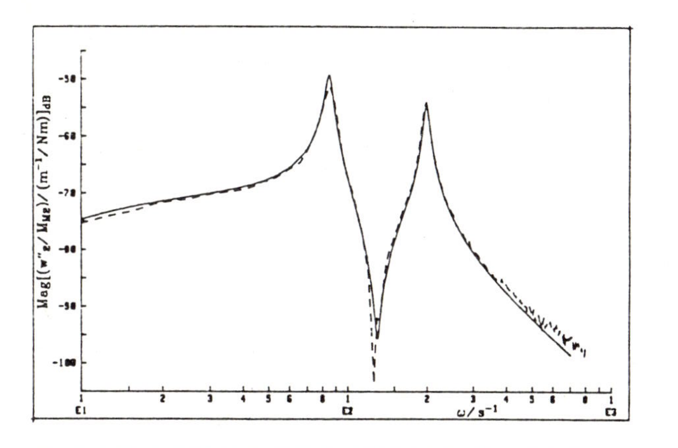

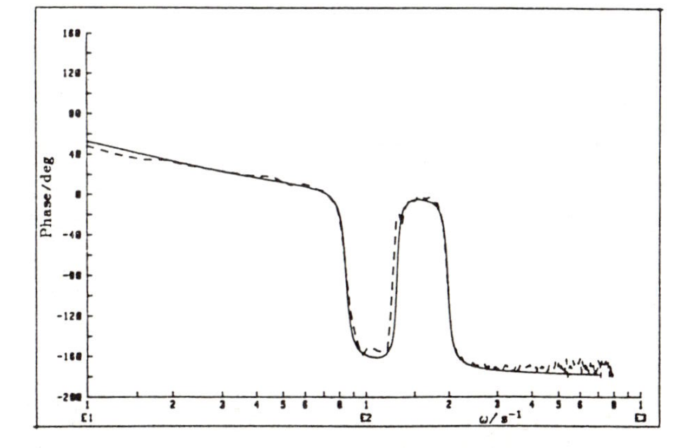

Bild 4.8f: Übertragungsverhalten in vertikaler Ebene
"Krümmung Unterarm / Motormoment Ellbogen"
——— Rechnung — — — Messung

Real-/Imaginärteil	Kreisfrequenz	Dämpfung
	Umfangsrichtung	
0 Hochachse		
-4.360		
-1.977 ± j 58.80	58.83	0.0336
-5.869 ± j 170.3	170.4	0.0344
-14.21 ± j 364.3	364.5	0.0390
-121.4 ± j 749.6	759.3	0.1599
-628.1 ± j 2213	2301	0.2730
	Vertikalebene	
0 Schulter		
-4.822		
0 Ellbogen		
-13.98		
-2.678 ± j 84.58	84.62	0.0316
-5.006 ± j 198.0	198.1	0.0253
-6607 ± j 3122	7308	0.9041

Tabelle 4.1: Eigenwerte des dreiachsigen Modells

5. Regelungsentwurf

5.1 Regelstrecke für den Entwurf

Nach Aufstellen der symbolischen Bewegungsgleichungen, ihrer Linearisierung und der Identifikation der physikalischen Parameter, steht ein nichtlineares und ein lineares mathematisches Modell des mechanischen Systems Roboter zur Verfügung. Während das nichtlineare Modell in der Simulation Verwendung findet, dient das linearisierte Modell zum Entwurf der Regelung. Zuvor wird das noch rein mechanische System, wie in Bild 5.1 verdeutlicht, um die stromgeregelten Servoverstärker und Meßketten erweitert. Damit liegt die für den zu entwerfenden Regler tatsächlich sichtbare Regelstrecke (Index p für plant) mit dem Steuereingangsvektor $\mathbf{u}_{pc}$ (Index c für control), dem Vektor $\mathbf{u}_{pe}$ der Anregungssignale (Index e für excitation), der hier allein Meßstörungen enthält, und den gestörten Meßausgangsgrößen im Vektor $\mathbf{y}_{pm}$ (Index m für measurement) vor.

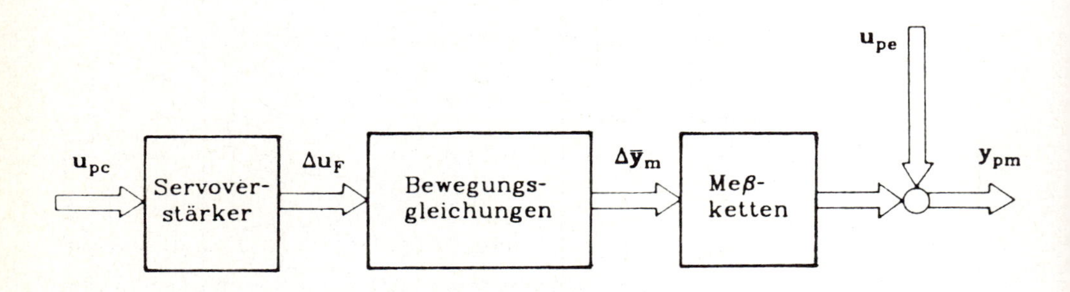

Bild 5.1: Erweiterung der Bewegungsgleichungen durch Servoverstärker und Meßketten

Bild 5.1 gilt in gleicher Weise für das nichtlineare und das linearisierte mechanische System. Im linearen Fall sind die beschriebenen Größen Abweichungen aus einer vorgegebenen stationären Ruhelage, die in Abschnitt 4.3.1 mit Δ gekennzeichnet wurden.

Wird für die Servoverstärker ein reines Proportionalverhalten angesetzt, erhält man den Zusammenhang zwischen den Motormomentenänderungen ΔM_{Mj} und Eingangsspannungen u_{Mj} in die Verstärker:

$$\Delta \mathbf{u}_F = \mathbf{K}_{pc}\, \mathbf{u}_{pc} \quad , \tag{5.1a}$$

$$\begin{aligned} \Delta \mathbf{u}_F &= [\Delta M_{M0}, \Delta M_{M1}, \Delta M_{M2}]^T \quad , \\ \mathbf{u}_{pc} &= [u_{M0}, u_{M1}, u_{M2}]^T \quad , \\ \mathbf{K}_{pc} &= \mathrm{diag}(k_{M0}, k_{M1}, k_{M2}) \quad . \end{aligned}$$

Ebenfalls bei Ansatz proportionalen Verhaltens für die Meßketten wird der Meßausgangsvektor der Regelstrecke nach Umsortieren ($\Delta \mathbf{y}_m \rightarrow \Delta \bar{\mathbf{y}}_m$) der Meßgrößen aus (4.16b)

$$\mathbf{y}_{pm} = \mathbf{K}_{pm}\, \Delta \bar{\mathbf{y}}_m + \mathbf{u}_{pe} \quad , \tag{5.1b}$$

$$\begin{aligned} \Delta \bar{\mathbf{y}}_m &= [\Delta\varphi_{Arel,0}, \Delta\dot{\varphi}_{Arel,0}, \Delta v''_1, \Delta v''_2 \mid \\ &\qquad \Delta\varphi_{Arel,1}, \Delta\dot{\varphi}_{Arel,1}, \Delta w''_1 \mid \Delta\varphi_{Arel,2}, \Delta\dot{\varphi}_{Arel,2}, \Delta w''_2]^T \quad , \\ \mathbf{y}_{pm} &= [\varphi_{0m}, \Omega_{0m}, v''_{1m}, v''_{2m} \mid \varphi_{1m}, \Omega_{1m}, w''_{1m} \mid \varphi_{2m}, \Omega_{2m}, w''_{2m}]^T \\ &= [\mathbf{y}_{pm0}, \mathbf{y}_{pm1}, \mathbf{y}_{pm2}]^T \quad , \\ \mathbf{K}_{pm} &= \mathrm{diag}(k_{\varphi m}, k_{\Omega m}, k_{v1m}, k_{v2m}, k_{\varphi m}, k_{\Omega m}, k_{w1m}, k_{\varphi m}, k_{\Omega m}, k_{w2m}) \quad . \end{aligned}$$

Das Umsortieren von $\Delta \mathbf{y}_m$ erfolgt unter dem Gesichtspunkt der Steuerbarkeit der Meßgrößen durch die Steuereingangsgrößen, der später beim Ansatz einer geeigneten Reglerstruktur von Bedeutung ist. Der Teilausgangsvektor $\mathbf{y}_{pm0}$ ist nur vom Eingang u_{M0}, $\mathbf{y}_{pm1}$ und $\mathbf{y}_{pm2}$ sind beide über die Eingänge u_{M1} und u_{M2} steuerbar. Der Index m an den Elementen des Meßausgangsvektors verdeutlicht, daß es sich nicht mehr um die originalen mechanischen Größen handelt. Die Winkelmessungen liegen aus Inkrementalgebern mit nachgeschalteter Auswertelektronik als Digitalwerte vor; alle anderen Größen sind elektrische Spannungen. Um im realen System auftretende Meßstörungen beim Entwurf einer Regelung einbeziehen zu können, versieht der Vektor $\mathbf{u}_{pe}$ jede Meßgröße mit einem eigenen Störeingang. Zahlenwerte zu den Meßkettenkoeffizienten und Servoverstärkungen sind in Anhang D zu finden.

Mit (5.1a) und (5.1b) lautet die Zustandsdarstellung der linearisierten Regelstrecke:

$$\dot{\mathbf{x}}_p = \mathbf{A}_p \mathbf{x}_p + \mathbf{B}_{pc} \mathbf{u}_{pc} \quad , \tag{5.2a}$$

$$\mathbf{y}_{pm} = \mathbf{C}_{pm} \mathbf{x}_p + \mathbf{D}_{pme} \mathbf{u}_{pe} \tag{5.2b}$$

mit

$$\mathbf{x}_p = [\Delta \mathbf{q}^T, \Delta \dot{\mathbf{q}}^T]^T \quad , \quad \mathbf{q} \text{ aus } (4.1) \quad ,$$

$$\mathbf{A}_p = \begin{bmatrix} 0 & \mathbf{I} \\ -\mathbf{M}_s^{-1}\mathbf{Q} & -\mathbf{M}_s^{-1}\mathbf{P} \end{bmatrix} , \quad \mathbf{B}_{pc} = \begin{bmatrix} 0 \\ \mathbf{M}_s^{-1}\mathbf{S}\mathbf{K}_{pc} \end{bmatrix} \quad ,$$

$$\mathbf{M}_s = \mathbf{M}(\mathbf{q}_s) = \mathbf{M}(\varphi_{1ys}, \varphi_{2ys}) \text{ siehe } (4.16a) \quad ,$$

$$\mathbf{C}_{pm} = \mathbf{K}_{pm} \mathbf{C}_m \quad , \quad \mathbf{D}_{pme} = \mathbf{I} \quad , \quad \mathbf{C}_m \text{ aus } (4.16b) \quad .$$

Neben den Meßausgängen, die bei der Regelung als Rückführgrößen Verwendung finden, werden Ausgangsgrößen zur Information und Verfolgung des angestrebten Entwurfszieles benötigt. Diese sind im Zielausgangsvektor $\mathbf{y}_{po}$ (Index o für objective) zusammengefaßt. Die zugehörigen Gleichungen bilden zusammen mit (5.2b) die Ausgangsgleichungen der Regelstrecke

$$\begin{bmatrix} \mathbf{y}_{pm} \\ \mathbf{y}_{po} \end{bmatrix} = \begin{bmatrix} \mathbf{C}_{pm} \\ \mathbf{C}_{po} \end{bmatrix} \mathbf{x}_p + \begin{bmatrix} 0 & \mathbf{D}_{pme} \\ \mathbf{D}_{poc} & 0 \end{bmatrix} \begin{bmatrix} \mathbf{u}_{pc} \\ \mathbf{u}_{pe} \end{bmatrix} \quad . \tag{5.2c}$$

In (5.2d) sind die einzelnen Komponenten des Zielausgangsvektors angegeben und anschließend kurz beschrieben:

$$\mathbf{y}_{po} = [\Delta r_{3x}^{(0)} \cdots \Delta r_{3z}^{(0)}, \Delta \dot{r}_{3x}^{(0)} \cdots \Delta \dot{r}_{3z}^{(0)}, \mathbf{x}_p^T, \mathbf{u}_{pc}^T]^T \quad . \tag{5.2d}$$

Die Zustandsgrößen der Regelstrecke $\mathbf{x}_p$ dienen mit Ausnahme der zeitlichen Ableitungen der Armverformungen allein für Informationszwecke, d.h. die Veränderungen in den zugehörigen Zeitverhalten und spektralen Eigenschaften während des Reglerentwurfes werden bei Bedarf analysiert, tragen aber nicht direkt zur Verfolgung des noch näher zu definierenden Entwurfszieles bei. Für diesen Zweck enthält der Zielausgangsvektor der Regelstrecke neben den Ableitungen der Armverformungen $(\Delta\dot{v}_1, \Delta\dot{v}_2, \Delta\dot{w}_1, \Delta\dot{w}_2)$, den Steuereingangsvektor $\mathbf{u}_{pc}$ und die Bewegungsgrößen der Endmasse im Inertialsystem (Lagevektor $\mathbf{r}_3^{(0)}$ und Geschwindigkeitsvektor $\dot{\mathbf{r}}_3^{(0)}$), für die kleine Abweichungen Δ aus der stationären Ruhelage betrachtet werden. Mit den Bewegungsgrößen erfolgt in Abschnitt 5.2.3 die Berechnung der Abweichungen der Endmasse von vorgegebenen inertialen Sollbahnen, die durch die Regelung minimal werden sollen. Die Bedeutung der übrigen Größen für den Reglerentwurf wird in Abschnitt 5.2.3 behandelt. Zur Berechnung von $\Delta\mathbf{r}_3^{(0)}$ und $\Delta\dot{\mathbf{r}}_3^{(0)}$ sei auf Anhang D verwiesen.

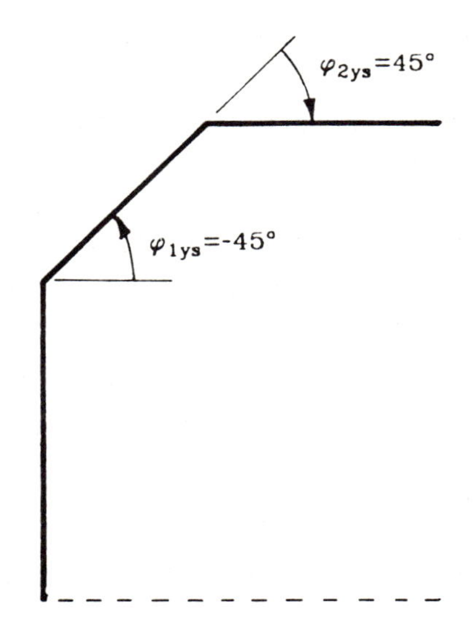

Bild 5.2: Seitenansicht der Armstellungen in der stationären Ruhelage für den Reglerentwurf

Der Reglerentwurf wird im folgenden für dieselbe *stationäre Ruhelage* $\varphi_{0zs}=0°$,

$\varphi_{1ys}=-45^\circ$ und $\varphi_{2ys}=45^\circ$ (vgl. auch Bild 4.1), die zur Anpassung der Modellfrequenzgänge in Abschnitt 4.4.2 verwendet wurde, durchgeführt. Bild 5.2 skizziert die zugehörigen Armstellungen des Versuchsstandes.

5.2 Systemstruktur und Zielgrößen für den Entwurf

Das Entwurfsziel für die Regelung besteht in einer schnellen, schwingungsfreien und genauen Bewegung der Endmasse auf vorgegebenen Bahnen in der nahen Umgebung der stationären Ruhelage. Bild 5.3 zeigt die für dieses Ziel zugrunde gelegte Systemstruktur. Sie unterteilt sich grob in die vier Teilsysteme "Anregung, Regelung, Regelstrecke" und "Bewertung". Das Gesamtsystem berücksichtigt über die reine ***geregelte Strecke*** hinaus im Anregungsteil die ***Betriebsumgebung***, die von außen wirkenden Stör- und Führungssignale, und im Bewertungsteil die ***Entwurfsumgebung***, die ingenieurmäßigen Forderungen an das Verhalten des geregelten Systems (Entwurfsziel). In den folgenden Abschnitten werden mit den Teilsystemen "Anregung, Regelung und Bewertung" die Modellierung der Betriebsumgebung, die angesetzte Reglerstruktur und die Modellierung der Entwurfsumgebung als mathematische Formulierung der Forderungen an das geregelte System im einzelnen beschrieben.

5.2.1 Anregung

Zur Modellierung der wichtigsten, praktisch vorkommenden Signale werden für die Betriebsumgebung, aufgrund der unterschiedlichen Eigenschaften beider Signalklassen, ***stochastische und deterministische Anregungsverläufe*** unterschieden /Kasper 1985/. Für die stochastischen Anregungsverläufe erfolgt lediglich die Nachbildung ihrer spektralen Eigenschaften (Autospektren). Dazu dienen lineare, stabile dynamische Systeme als Formfilter, an deren Eingänge stationäres weißes Rauschen angelegt wird. Die von ihren Zeitverläufen her bekannten deterministischen Anregungssignale werden dagegen aus Dirac-Impulsen als Eingangsgrößen geeigneter linearer, dynamischer Systeme synthetisiert. Diese Systeme können für bestimmte

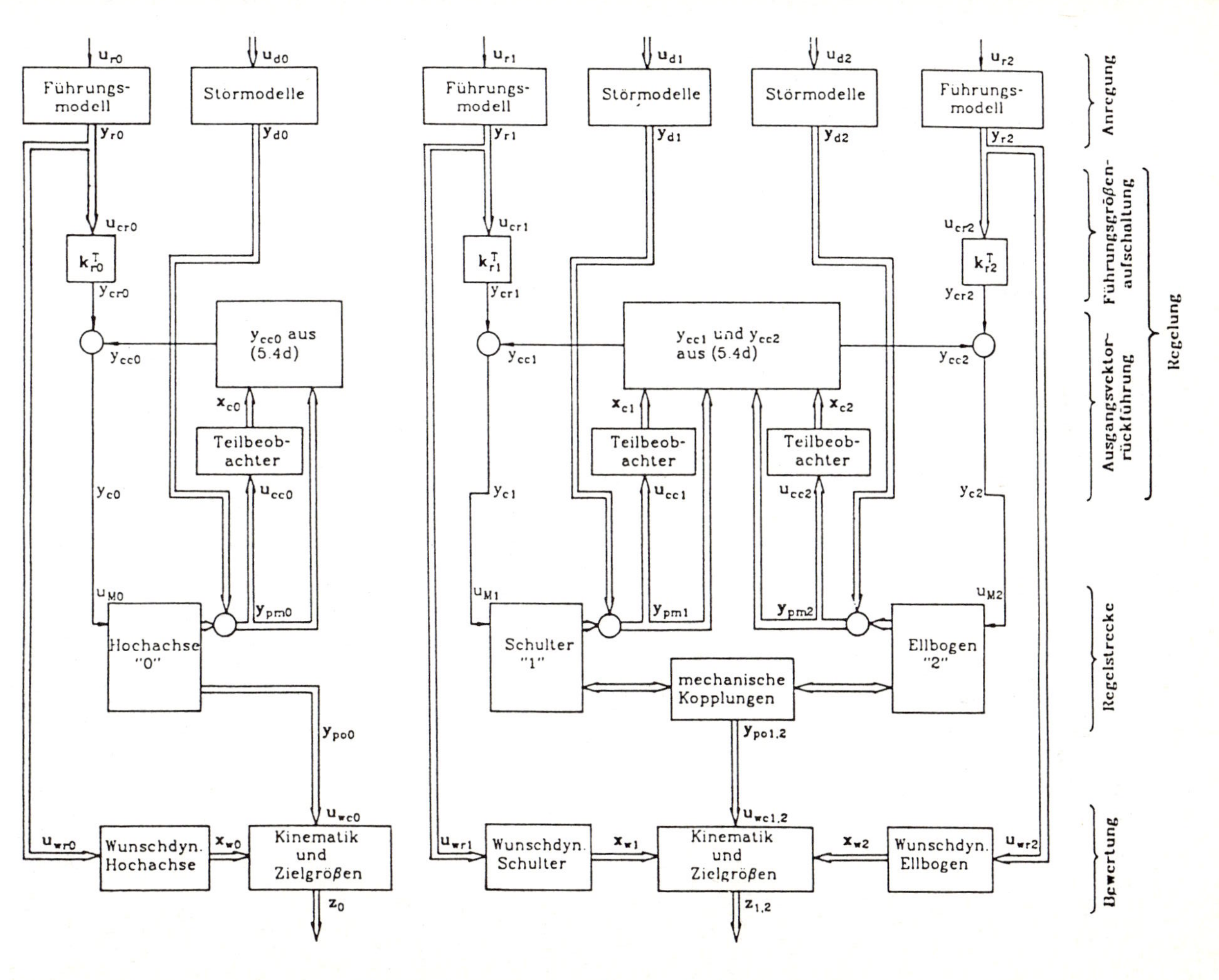

Bild 5.3: Systemstruktur für den Reglerentwurf

Ausgangszeitverläufe auch grenz- und instabile Anteile enthalten; hier kommen jedoch aus später genannten Gründen ausschließlich stabile Anregungsmodelle zur Anwendung.
Nachstehend werden die im konkreten Anwendungsfall der Roboterregelung relevanten Anregungssignale und ihre Modellierung ausführlich behandelt.

Stochastische Anregungen des Systems sind im wesentlichen Meßstörungen. Bei der Modellierung der Meßstörungen sind neben den in den Meßketten auftretenden Auflösungsfehlern und Störeinstreuungen die bei der späteren digitalen Realisierung der Regelung auftretenden Quantisierungsfehler durch AD-Wandlung der Meßsignale zu berücksichtigen. Diese sind im vorhandenen Meßaufbau dominierend, so daß mit guter Näherung jede Meßstörung allein durch den Ansatz eines geeigneten Störprozesses für Quantisierungsfehler berücksichtigt werden kann. In /Azizi 1981/ werden Quantisierungsfehler als gleichverteilter, diskreter Rauschprozeß beschrieben, der additiv auf das jeweils zu wandelnde Signal wirkt. Das Autospektrum eines solchen Rauschprozesses für jede der 10 Meßgrößen aus (5.1b) kann mit guter Näherung durch ein Störmodell (Formfilter) erster Ordnung

$$\dot{x}_{di} = -\frac{1}{T_d} x_{di} + \frac{1}{T_d} u_{di} \quad , \qquad (5.3a)$$

$$y_{di} = x_{di}$$

(Index d für disturbance) nachgebildet werden /Kasper 1985/, das mit mittelwertfreiem, stationärem weißen Rauschen $u_{di}=w_i$ der Intensität S_{wwi} gespeißt wird. Aus den Randbedingungen, daß für den diskreten Fehlerprozeß und seine lineare Approximation die Varianzen (Flächen unter dem einseitigen Autospektrum /Bendat u.a. 1980/) und die spektrale Leistungsdichte bei der Frequenz f=0 identisch sein sollen, erhält man die Zeitkonstante und die Intensität

$$T_d = \frac{1}{2 f_S} \quad , \qquad S_{wwi} = \frac{a_{Ci}^2}{12\, f_S} \quad , \qquad (5.3b)$$

die von der später realisierten Abtastfrequenz f_S der Regelung und der Größe einer Quantisierungstufe a_{Ci} des für die Meßgröße y_{pmi} verwendeten AD-Wandlers abhängig sind. Weitere neben Quantisierungsfehlern auftretende Meßstörungen können näherungsweise durch eine geringfügige Verringerung der tatsächlichen Wandlergenauigkeit, d.h. Vergrößerung von a_{Ci} erfaßt werden.

Für die zu diesem Zeitpunkt des Entwurfes noch unbekannte Abtastfrequenz wird eine "worst case"-Abschätzung vorgenommen. In diese Abschätzung gehen die Anzahl der für die angesetzte Reglerstruktur (bei maximal möglicher Anzahl von Koeffizienten) anfallenden Rechen- sowie Ein-/Ausgabeoperationen und die entsprechenden Zeiten des verwendeten Regelprozessors ein. Für die im folgenden Abschnitt genauer beschriebene Reglerstruktur aus Bild 5.3 ergibt sich bei Realisierung auf einem TMS32010 Signalprozessorsystem eine Abtastfrequenz $f_S \approx 10$ kHz. Der geschätzte Wert muß, um Realisierungsschwierigkeiten (durch die nachträgliche Diskretisierung des analog entworfenen Reglers) weitestmöglich von vornherein auszuschließen, weit genug oberhalb der höchsten zu erwartenden Eigenfrequenz des geschlossenen Kreises (Anhaltswert "3 bis 10-mal größer") liegen /Hanselmann 1986/. Diese Bedingung ist bei Betrachtung der Eigenwerte der Regelstrecke in Tabelle 4.1 mit dem oben genannten Schätzwert sicherlich leicht zu erfüllen.

Für die Auflösung der AD-Wandler erhält man im Fall der in Abschnitt 5.1 genannten Meßspannungen (für die Winkelgeschwindigkeiten und Krümmungen) bei einer Aussteuerung von ± 10 V und einer Wandlerbreite von 12 bit einen Wert $a_{Ci} \approx 5$ mV. Die inkrementalen Winkelmessungen besitzen eine Auflösung $a_{Ci} = 1$ Digit.

Neben den Meßgrößen werden die Reglerausgangsgrößen durch Fixpunktarithmetik im Regelprozessor und DA-Wandlung mit einer kleineren Wortbreite als die Prozessorwortbreite quantisiert. Diese Effekte können in grober Näherung wieder durch Störmodelle gemäß (5.3a) an den Reglerausgängen berücksichtigt werden. Sie sind jedoch im Vergleich zu den Meßstörungen, die über die Reglerverstärkungen (>1) auf die Reglerausgänge wirken für den Fall, daß die Quantisierungsfehler durch Fixpunktarithmetik genügend klein bleiben, vernachlässigbar.

Die Bedeutung der Störanregung liegt in ihrer bei der Optimierung des Systemverhaltens begrenzenden Wirkung auf die zu optimierenden Parameter. Um den Störsignalanteil am Verhalten des geregelten Systems so klein wie möglich zu halten, werden weniger gestörte Messungen durch die Optimierung stärker ausgenutzt und zu große Reglerverstärkungen vermieden. Dieser Effekt der Störanregung beim Reglerentwurf erhöht die Robustheit des geregelten Systems in der späteren Realisierung.
Zur Kopplung mit den Anregungseingängen u_{pe} der Strecke, werden schließlich die Störmodelle für die 10 Meßgrößen der Regelstrecke aus (5.1b) wie folgt zu einem System zusammengefaßt:

$$\mathbf{x}_d = [x_{d1} \dots x_{d10}]^T , \quad \mathbf{u}_d = [u_{d1} \dots u_{d10}]^T , \tag{5.3c}$$

$$\dot{\mathbf{x}}_d = \mathbf{A}_d \mathbf{x}_d + \mathbf{B}_d \mathbf{u}_d$$

$$= \begin{bmatrix} -1/T_d & & \\ & \ddots & \\ & & -1/T_d \end{bmatrix} \mathbf{x}_d + \begin{bmatrix} 1/T_d & & \\ & \ddots & \\ & & 1/T_d \end{bmatrix} \mathbf{u}_d ,$$

$$\mathbf{y}_d = \mathbf{x}_d \quad .$$

Deterministische Anregungen für das in Bild 5.3 betrachtete Gesamtsystem sind die Führungssignale $\mathbf{y}_{rj}$ für die antriebsseitigen Bewegungsgrößen der Achsen (j=0,1,2). Sie werden durch lineare Modelle der Form

$$\dot{\mathbf{x}}_{rj} = \mathbf{A}_{rj} \mathbf{x}_{rj} + \mathbf{B}_{rj} u_{rj} \tag{5.3d}$$

$$= \begin{bmatrix} 0 & 1 & 0 \\ -\omega_r^2 & -2d_r\omega_r & \omega_r^2 \\ 0 & 0 & -1/T_r \end{bmatrix} \mathbf{x}_{rj} + \begin{bmatrix} 0 \\ 0 \\ 1/T_r \end{bmatrix} u_{rj} \quad ,$$

$$\mathbf{y}_{rj} = [x_{rj1},\ x_{rj2},\ \dot{x}_{rj2}]^T$$

$$= \mathbf{C}_{rj}\mathbf{x}_{rj}$$

$$= \begin{bmatrix} 1 & 0 & 0 \\ 0 & 1 & 0 \\ -\omega_r^2 & -2d_r\omega_r & \omega_r^2 \end{bmatrix} \mathbf{x}_{rj} \quad ,$$

die aus der Reihenschaltung eines Verzögerungsgliedes erster und zweiter Ordnung bestehen, erzeugt. Als Eingangssignale u_{rj} dienen Dirac-Impulse mit zufälligem, mittelwertfreiem Impulsgewicht

$$u_{rj}=u_{rj0}\ \delta(t) \quad , \tag{5.3e}$$

$$E\{u_{rj0}\} = 0 \quad , \qquad E\{u_{rj0}u_{rj0}\} \neq 0 \quad .$$

Die zufälligen Amplituden der in ihrem Verlauf deterministischen Ausgangssignale in $\mathbf{y}_{rj}$ berücksichtigen im Rahmen der Möglichkeiten der angesetzten Anregungsmodelle "beliebige", voneinander unabhängige Sollwertverläufe an den einzelnen Achsen. Die Ausgangsgrößen des Führungsanregungsmodells x_{rj1}, $\dot{x}_{rj1}=x_{rj2}$ und $\dot{x}_{rj2}$ entsprechen den antriebsseitigen Sollwinkeln φ_{jref}, -winkelgeschwindigkeiten Ω_{jref} und -winkelbeschleunigungen α_{jref} der einzelnen Achsantriebe (j=0,1,2), die beim realen System aus der Bahnrücktransformation vorliegen.

Bei fester Dämpfung (z.B. $d_r \approx 1.0$) lassen sich durch Veränderung der Eigenfrequenz ω_r und der Zeitkonstanten T_r für den Ausgang x_{rj1} näherungsweise sprungförmige ($T_r \gg 1$, $\omega_r \gg 1$), rampenförmige ($T_r \ll 1$, $\omega_r \ll 1$) und parabelförmige ($T_r \gg 1$, $\omega_r \ll 1$) Sollwertverläufe erzeugen. Mit $d_r \ll 1$ und $T_r \ll 1$ besteht zusätzlich die Möglichkeit näherungsweise sinusförmiger Anregungssignale, deren Kreisfrequenz über ω_r einstellbar ist. Diese vier Signaltypen decken die wichtigsten der bei Roboteranwendungen vorkommenden Führungsverläufe ab.

Die beschriebenen Approximationen der auftretenden deterministischen Anregungssignale vermeiden bewußt die grenzstabilen Modellanteile

($T_r \to \infty$, $\omega_r = 0$, $d_r = 0$), die für exakte sprung-, rampen-, parabel- und sinusförmige Zeitverläufe notwendig wären. Der Grund dafür ist, daß die derzeitige Implementierung des verwendeten Entwurfsverfahrens (siehe Abschnitt 5.3) die Einbeziehung grenz- und instabiler Systemteile nicht gestattet. Wie später die Simulation und die Realisierung des geregelten Systems zeigen, führt die Approximation der grenzstabilen Anteile der Anregungsmodelle durch pseudo-grenzstabile Modelle zu praktisch gleichen Ergebnissen.

Die Zustandsdarstellung der Führungsanregungsmodelle für alle drei Achsen lautet mit (5.3d):

$$\mathbf{x}_r = [\mathbf{x}_{r0}^T, \mathbf{x}_{r1}^T, \mathbf{x}_{r2}^T]^T \quad , \tag{5.3f}$$

$$\mathbf{u}_r = [u_{r0}, u_{r1}, u_{r2}]^T \quad , \qquad \mathbf{y}_r = [\mathbf{y}_{r0}^T, \mathbf{y}_{r1}^T, \mathbf{y}_{r2}^T]^T \quad ,$$

$$\dot{\mathbf{x}}_r = \mathbf{A}_r \mathbf{x}_r + \mathbf{B}_r \mathbf{u}_r$$

$$= \begin{bmatrix} \mathbf{A}_{r0} & & \\ & \mathbf{A}_{r1} & \\ & & \mathbf{A}_{r2} \end{bmatrix} \mathbf{x}_r + \begin{bmatrix} \mathbf{B}_{r0} & & \\ & \mathbf{B}_{r1} & \\ & & \mathbf{B}_{r2} \end{bmatrix} \mathbf{u}_r \quad ,$$

$$\mathbf{y}_r = \mathbf{C}_r \mathbf{x}_r = \begin{bmatrix} \mathbf{C}_{r0} & & \\ & \mathbf{C}_{r1} & \\ & & \mathbf{C}_{r2} \end{bmatrix} \mathbf{x}_r \quad .$$

5.2.2 Regelung

Die in Abschnitt 4.3.1 beschriebene Entkopplung der Regelstrecke führt zum Ansatz je einer Regelung für die Bewegungen des Systems in Umfangsrichtung (Hochachse) und in der Vertikalebene (Schulter und Ellbogen). In Abschnitt 5.1 wurden bereits die zugehörigen Rückführgrößen in den Teilausgangsvektoren $\mathbf{y}_{pm0}$ bzw. $\mathbf{y}_{pm1}$ und $\mathbf{y}_{pm2}$ zusammengefaßt. Dabei erfolgt die aus Gesichtspunkten der Steuerbarkeit nicht unbedingt notwendige Unterscheidung von $\mathbf{y}_{pm1}$ und $\mathbf{y}_{pm2}$ in Anlehnung an das bei der Modellbildung beschriebene Modulkonzept, zum Zweck einer systematischen Beschreibung der Regelkreisstruktur für die vertikale Bewegungsebene. Wie Bild 5.3 zu entnehmen ist setzt sich die gesamte Regelung aus den Blöcken "Aufschaltung, Teilbeobachtung und Rückführung" zusammen, die im folgenden näher beschrieben werden.

Durch die ***Aufschaltung*** der Sollwinkel, -winkelgeschwindigkeiten und -winkelbeschleunigungen der drei Achsen,

$$y_{crj} = \mathbf{k}_{rj}^T \, \mathbf{u}_{crj} = [k_{rj\varphi}, k_{rj\Omega}, k_{rj\alpha}] \, \mathbf{u}_{crj} \quad , \qquad (5.4a)$$

wird für die in Abschnitt 5.2.1 beschriebene Klasse antriebsseitiger Führungssignale ein ***stationär genaues Folgeverhalten der Endmasse*** auf entsprechenden Bahnen im Raum sichergestellt. Damit ist der sonst konventionell übliche integrale Anteil in der Lageregelung (siehe z.B. /Becker 1983/), der ohne Aufschaltung der Sollbeschleunigungen für parabelförmige Winkelverläufe (siehe Abschnitt 5.2.1) erforderlich wäre, hinfällig. Ein integrales Verhalten in der Regelung ist schon daher nicht erstrebenswert, weil

- in Verbindung mit Coulombscher Reibung die Gefahr des Entstehens nichtlinearer Grenzzyklen /Ackermann 1984, Kuntze u.a. 1985/ besteht und

- es im Vergleich zu ausschließlichen Proportionalrückführungen zur Verringerung der Bandbreite des geregelten Systems (Dynamikverlust) führen kann.

Weicht man wie hier von der konventionellen Betrachtungsweise eines idealen starren Verhaltens der Regelstrecke ab und berücksichtigt die Strecke als elastisches System, verliert die Regelung mit integralem Anteil bei fehlenden Messungen der inertialen Lagegrößen der Endmasse die Eigenschaft, auch bei ungenau modellierter Strecke stationär genau zu sein. Durch eine Rekonstruktion der Lagegrößen der Endmasse aus indirekten und unvollständigen Messungen auf der Basis des Modells wird die erreichte stationäre Genauigkeit dann abhängig von der Qualität des verwendeten Modells der Regelstrecke sowie von der Art und Anzahl der vorliegenden Meßgrößen. Im Gegensatz dazu ist die stationäre Genauigkeit bei Aufschaltung der Sollbeschleunigungen der einzelnen Achsen allein abhängig von der Modellgenauigkeit und damit dem integralen Ansatz überlegen.
Die Kompensation stationärer Bahnfehler infolge Coulombscher Reibung soll mit Hilfe einer geeigneten Störgrößenbeobachtung und -aufschaltung erfolgen /Ackermann u.a. 1986/. Zu diesem Punkt sei auf Abschnitt 3.2 verwiesen. Hier wird für den Entwurf einer Regelung mit dem linearisierten Modell von einer bereits vorhandenen Kompensation der Antriebsreibmomente ausgegangen (vgl. Abschnitt 4.3.1).

Zur Ausregelung elastischer Schwingungen und für eine gewünschte Dynamik der Schwenkbewegungen, d.h. zur Beeinflussung des ***transienten Bewegungsverhaltens der Endmasse***, dient eine ***dynamische Rückführung*** der Meßausgänge (5.1b) der Regelstrecke, die identisch mit den Steuereingängen

$$\mathbf{u}_{cc0} = [\varphi_{0m}, \Omega_{0m}, v''_{1m}, v''_{2m}]^T \quad , \qquad (5.4b)$$

$$\mathbf{u}_{cc1} = [\varphi_{1m}, \Omega_{1m}, w''_{1m}]^T \quad ,$$

$$\mathbf{u}_{cc2} = [\varphi_{2m}, \Omega_{2m}, w''_{2m}]^T$$

der Regelung sind. Den dynamischen Anteil bilden dabei für jede Achse sogenannte "*Teilbeobachter*", die hier als einfache Filter erster Ordnung

$$\dot{\mathbf{x}}_{cj} = \mathbf{A}_{cj}\mathbf{x}_{cj} + \mathbf{B}_{ccj}\mathbf{u}_{ccj} \ , \qquad j=0,1,2 \tag{5.4c}$$

mit

$$\mathbf{A}_{cj} = \begin{bmatrix} -1/T_{Dj1} & 0 \\ 0 & -1/T_{Dj2} \end{bmatrix} ,$$

$$\mathbf{B}_{cc0} = \begin{bmatrix} 0 & 0 & 1 & 0 \\ 0 & 0 & 0 & 1 \end{bmatrix} , \qquad \mathbf{B}_{cc1} = \mathbf{B}_{cc2} = \begin{bmatrix} 0 & 0 & 1 \\ 0 & 0 & 1 \end{bmatrix}$$

realisiert werden. Obige Filter erzeugen zusammen mit parallelgeschalteten Proportionalgliedern reale PD-Verhalten in den Rückführungen der Positionierarmkrümmungen, in denen die differenzierenden Anteile die für die Schwingungsdämpfung benötigten Schätzwerte der zeitlichen Ableitungen $\dot{v}''_{1m}$, $\dot{v}''_{2m}$, $\dot{w}''_{1m}$ und $\dot{w}''_{2m}$ der Krümmungssignale zur Verfügung stellen. Zur Schaffung ggf. zusätzlicher Freiheiten bei der Optimierung der Regelung werden für jede Rückführung eigene Schätzwerte, d.h. eigene Filter verwendet. Anstelle des einfachen Ansatzes erster Ordnung können bei starken hochfrequenten Störungen der Krümmungsmeßsignale differenzierende Filter zweiter Ordnung oder bei Fehlen einzelner Messungen wirkliche Teilbeobachter treten.

Mit den Eingangssignalen aus (5.4b) und dem Dynamikansatz aus (5.4c) lauten die Regelgesetze für die Umfangsrichtung und Vertikalebene:

$$y_{cc0} = \mathbf{k}_{cx0}^{T}\,\mathbf{x}_{c0} + \mathbf{k}_{cu0}^{T}\,\mathbf{u}_{cc0} \ , \tag{5.4d}$$

$$y_{cc1} = \mathbf{k}_{c1x1}^{T}\,\mathbf{x}_{c1} + \mathbf{k}_{c1x2}^{T}\,\mathbf{x}_{c2} + \mathbf{k}_{c1u1}^{T}\,\mathbf{u}_{cc1} + \mathbf{k}_{c1u2}^{T}\,\mathbf{u}_{cc2} \ ,$$

$$y_{cc2} = \mathbf{k}_{c2x1}^{T}\,\mathbf{x}_{c1} + \mathbf{k}_{c2x2}^{T}\,\mathbf{x}_{c2} + \mathbf{k}_{c2u1}^{T}\,\mathbf{u}_{cc1} + \mathbf{k}_{c2u2}^{T}\,\mathbf{u}_{cc2} \ .$$

Die Kreuzkopplungen in den Rückführungen auf die Schulter- und Ellbogenstellgrößen berücksichtigt bis zu einem gewissen Grad für die spätere

Schwingungsausregelung die mechanische Verkopplung der beiden Achsen. Die Rückführungen sind im einzelnen:

$$\mathbf{k}_{cx0}^T = [-k_{cx01}/T_{D01}, -k_{cx02}/T_{D02}] \quad , \tag{5.4e}$$

$$\mathbf{k}_{c1x1}^T = [-k_{c1x1}/T_{D11}, 0] \quad , \quad \mathbf{k}_{c1x2}^T = [-k_{c1x2}/T_{D21}, 0] \quad ,$$

$$\mathbf{k}_{c2x1}^T = [0, -k_{c2x1}/T_{D12}] \quad , \quad \mathbf{k}_{c2x2}^T = [0, -k_{c2x2}/T_{D22}] \quad ,$$

$$\mathbf{k}_{cu0}^T = [k_{c0\varphi}, k_{c0\Omega}, k_{c0v1}, k_{c0v2}] \quad ,$$

$$\mathbf{k}_{c1u1}^T = [k_{c1\varphi}, k_{c1\Omega}, k_{c1w1}] \quad , \quad \mathbf{k}_{c1u2}^T = [0, 0, k_{c1w2}] \quad ,$$

$$\mathbf{k}_{c2u1}^T = [0, 0, k_{c2w1}] \quad , \quad \mathbf{k}_{c2u2}^T = [k_{c2\varphi}, k_{c2\Omega}, k_{c2w2}] \quad ,$$

wobei zwischen den Rückführ- und Aufschaltverstärkungen der antriebsseitigen Lagegrößen der Zusammenhang $k_{cj\varphi}k_{\varphi m}=-k_{rj\varphi}$ (j=0,1,2) besteht.

Im Prinzip entspricht die Rückführung der Positionierarmkrümmungen und Schätzwerte ihrer Ableitungen nach der Zeit mittels der oben beschriebenen PD-Anteile einer Rückführung von Differenzauslenkungen und -geschwindigkeiten, die bekanntermaßen besonders geeignet zur Veränderung der Eigenfrequenz und Dämpfung elastischer Schwingungen sind. Um in der späteren Realisierung eine möglichst hohe Robustheit des geregelten Systems gegenüber nichtlinearen Effekten zu erreichen, wird auf die kreuzweise Rückführung der Winkelgeschwindigkeiten des Schulter- und Ellbogenantriebes ($\Omega_{1m} \rightarrow y_{cc2}$ und $\Omega_{2m} \rightarrow y_{cc1}$) wegen der geringen Aussteuerung und starker Störungen der zugehörigen Übertragungspfade durch die Antriebsnichtlinearitäten Reibung und Lose verzichtet (vgl. auch Abschnitt 4.4.2). Eine Verkopplung der Antriebe durch entsprechende Rückführungen der Winkel ist wegen der notwendigen unabhängigen Bewegbarkeit der Achsen nicht sinnvoll.

Nach Zusammenfassen der Gleichungen (5.4) erhält man die Gesamtzustandsdarstellung der Regelung

$$\mathbf{x}_c = [\mathbf{x}_{c0}, \mathbf{x}_{c1}, \mathbf{x}_{c2}]^T \quad , \tag{5.4f}$$

$$\mathbf{u}_{cc} = [u_{cc0}, u_{cc1}, u_{cc2}]^T \; , \qquad u_{cr} = [\mathbf{u}_{cr0}, u_{cr1}, u_{cr2}]^T \quad ,$$

$$\mathbf{y}_c = \mathbf{y}_{cc} + \mathbf{y}_{cr} = [y_{c0}, y_{c1}, y_{c2}]^T \quad ,$$

$$\dot{\mathbf{x}}_c = A_c\mathbf{x}_c + B_{cc}u_{cc}$$

$$= \begin{bmatrix} A_{c0} & & \\ & A_{c1} & \\ & & \mathbf{A}_{c2} \end{bmatrix} \mathbf{x}_c + \begin{bmatrix} B_{cc0} & & \\ & B_{cc1} & \\ & & B_{cc2} \end{bmatrix} u_{cc} \quad ,$$

$$\mathbf{y}_c = C_c\mathbf{x}_c + D_{cc}u_{cc} + D_{cr}\mathbf{u}_{cr}$$

$$= \begin{bmatrix} k_{cx0}^T & 0 & 0 \\ 0 & \mathbf{k}_{c1x1}^T & k_{c1x2}^T \\ 0 & \mathbf{k}_{c2x1}^T & k_{c2x2}^T \end{bmatrix} \mathbf{x}_c + \begin{bmatrix} k_{cu0}^T & 0 & 0 \\ 0 & k_{c1u1}^T & k_{c1u2}^T \\ 0 & k_{c2u1}^T & k_{c2u2}^T \end{bmatrix} u_{cc}$$

$$+ \begin{bmatrix} k_{r0}^T & & \\ & \mathbf{k}_{r1}^T & \\ & & k_{r2}^T \end{bmatrix} u_{cr}$$

mit den 6 unabhängigen Aufschaltverstärkungen aus (5.4a), den 6 Teilbeobachterzeitkonstanten aus (5.4c) und 18 Rückführverstärkungen aus (5.4e). Die Ermittlung dieser insgesamt 30 freien Parameter stellt eine Optimierungsaufgabe für das Verhalten des geregelten Gesamtsystems dar.

5.2.3 Bewertung

Zur Lösung der Optimierungsaufgabe für das Gesamtsystem erfolgt hier die Modellierung der Entwurfsumgebung als mathematische Formulierung der vom Anwender an das Systemverhalten bezüglich Dynamik und Genauigkeit gestellten Forderungen. Diese wird, wie die übrigen Teilsysteme, in Form eines linearen dynamischen Systems angegeben, an dessen Ausgang geeignete Zielgrößen für den Entwurf zur Verfügung stehen.

Bei der Suche nach Zielgrößen führt die Forderung nach einer genauen und schnellen Bewegung der Endmasse im Raum automatisch auf die Lage- und Geschwindigkeitsfehler der Endmasse bei inertial vorgegebenen Bahnen. Die Bahnvorgabe erfolgt durch die beschriebene Führungsanregung $\mathbf{y}_{rj}$. Über die Führungsgrößenaufschaltung (5.4a) der Regelung bewirken diese Anregungssignale an der Regelstrecke inertiale Auslenkungen und Geschwindigkeiten

$$\Delta r_3^{(0)} = [\Delta r_{3x}^{(0)}, \Delta r_{3y}^{(0)}, \Delta r_{3z}^{(0)}]^T \quad , \tag{5.5a}$$
$$\Delta \dot{r}_3^{(0)} = [\Delta \dot{r}_{3x}^{(0)}, \Delta \dot{r}_{3y}^{(0)}, \Delta \dot{r}_{3z}^{(0)}]^T$$

der Endmasse aus der für die Linearisierung der Regelstrecke betrachteten Ruhelage. Obige Auslenkungen und Geschwindigkeiten sind Elemente des in Abschnitt 5.1, Gleichung (5.2d) beschriebenen Zielausgangsvektors der Regelstrecke $\mathbf{y}_{po}$.

Parallel lassen sich aus den Führungsanregungen (Sollwertverläufe für die einzelnen Achsen) und der Kinematik der idealen, als starr betrachteten Regelstrecke die Sollbewegungen

$$\Delta r_{3ref}^{(0)} = [\Delta r_{3xref}^{(0)}, \Delta r_{3yref}^{(0)}, \Delta r_{3zref}^{(0)}]^T \quad , \tag{5.5b}$$
$$\Delta \dot{r}_{3ref}^{(0)} = [\Delta \dot{r}_{3xref}^{(0)}, \Delta \dot{r}_{3yref}^{(0)}, \Delta \dot{r}_{3zref}^{(0)}]^T$$

der Endmasse im Inertialsystem, beginnend in der stationären Ruhelage, berechnen. Um die real vorhandene Dynamik der Drehbewegungen der Achsen auch in den Sollbewegungen zu berücksichtigen, werden anstelle der direkten Führungsanregungen $\mathbf{y}_{rj}$ der einzelnen Achsen zur Berechnung der Ausdrücke (5.5b) dynamisch gewichtete Führungsverläufe $\mathbf{x}_{wj}$ (Index w für weighting) herangezogen. Sie sind die Zustandsgrößen linearer Systeme zweiter Ordnung der Form

$$\dot{\mathbf{x}}_{wj} = \mathbf{A}_{wj}\mathbf{x}_{wj} + \mathbf{B}_{wrj}\mathbf{u}_{wrj} \tag{5.5c}$$

$$= \begin{bmatrix} 0 & 1 \\ -\omega_{wj}^2 & -2d_{wj}\omega_{wj} \end{bmatrix}\mathbf{x}_{wj} + \begin{bmatrix} 0 & 0 & 0 \\ \omega_{wj}^2 & k_{wj\Omega} & k_{wj\alpha} \end{bmatrix}\mathbf{u}_{wrj} \quad ,$$

mit denen gemäß dem Prinzip der "Linear Modell Following Control" /Landau 1979/ für jede Achse (j=0,1,2) eine entkoppelte Wunschdynamik der Schwenkbewegung vorgegeben werden kann. Die entkoppelte Dynamik 2-ter Ordnung je Achse stellt den Idealfall, ein starres System mit rückwirkungsfreier Bewegbarkeit der Achsen dar, mit dem das geregelte elastische System möglichst gut in Übereinstimmung gebracht werden soll. Mit den Gewichtungsmodellen (5.5c) für alle drei Achsen lassen sich die Gleichungen der Sollbewegungen in die Form

$$\begin{bmatrix} \Delta r_{3\,ref}^{(0)} \\ \Delta \dot{r}_{3\,ref}^{(0)} \end{bmatrix} = \mathbf{C}_{w\,ref} \begin{bmatrix} \mathbf{x}_{w0} \\ \mathbf{x}_{w1} \\ \mathbf{x}_{w2} \end{bmatrix} \tag{5.5d}$$

bringen. Die Elemente der Matrix $\mathbf{C}_{w\,ref}$ sind den in Anhang D angegebenen Gleichungen für $\Delta r_{3\,ref}^{(0)}$ und $\Delta \dot{r}_{3\,ref}^{(0)}$ zu entnehmen.

Wie später bei der Optimierung der Reglerparameter näher beschrieben, erfolgt die Aufschaltung der Sollgeschwindigkeiten und -beschleunigungen über $k_{wj\Omega}$ und $k_{wj\alpha}$ in den Gewichtungsmodellen (5.5c) nur während der Optimierung der entsprechenden Regleraufschaltungen $k_{rj\Omega}$ und $k_{rj\alpha}$ aus Abschnitt 5.2.2.

Nach Subtraktion der Istbewegungen (5.5a) von den Sollbewegungen (5.5b) der Endmasse erhält man schließlich die Lage- und Geschwindigkeitsfehler:

$$\mathbf{s}_3 = [s_{3x}, s_{3y}, s_{3z}]^T = \Delta \mathbf{r}_{3\,ref}^{(0)} - \Delta \mathbf{r}_3^{(0)} \quad , \tag{5.5e}$$

$$\dot{\mathbf{s}}_3 = [\dot{s}_{3x}, \dot{s}_{3y}, \dot{s}_{3z}]^T = \Delta \dot{\mathbf{r}}_{3\,ref}^{(0)} - \Delta \dot{\mathbf{r}}_3^{(0)} \quad .$$

Mit Gleichungen (5.5c) bis (5.5e) und dem Zielausgangsvektor $\mathbf{y}_{po}$ der Regelstrecke (5.2d), der identisch mit dem Steuereingangsvektor $\mathbf{u}_{wc}$ der Bewertung ist, wird die Zustandsdarstellung dieses Teilsystems:

$$\mathbf{x}_w = [\mathbf{x}_{w0}^T, \mathbf{x}_{w1}^T, \mathbf{x}_{w2}^T]^T \quad , \tag{5.5f}$$

$$\mathbf{u}_{wr} = [\mathbf{u}_{wr0}^T, \mathbf{u}_{wr1}^T, \mathbf{u}_{wr2}^T]^T \quad ,$$

$$\mathbf{y}_w = [\mathbf{s}_3^T, \dot{\mathbf{s}}_3^T, \mathbf{x}_p^T, \mathbf{u}_{pc}^T]^T \quad ,$$

$$\dot{\mathbf{x}}_w = \mathbf{A}_w \mathbf{x}_w + \mathbf{B}_{wr} \mathbf{u}_{wr}$$

$$= \begin{bmatrix} \mathbf{A}_{w0} & & \\ & \mathbf{A}_{w1} & \\ & & \mathbf{A}_{w2} \end{bmatrix} \mathbf{x}_w + \begin{bmatrix} \mathbf{B}_{wr0} & & \\ & \mathbf{B}_{wr1} & \\ & & \mathbf{B}_{wr2} \end{bmatrix} \mathbf{u}_{wr} \quad ,$$

$$\mathbf{y}_w = \mathbf{C}_w \mathbf{x}_w + \mathbf{D}_{wc} \mathbf{u}_{wc}$$

$$= \begin{bmatrix} \mathbf{C}_{w\,ref} \\ \mathbf{0} \end{bmatrix} \mathbf{x}_w + \begin{bmatrix} -\mathbf{I} & \mathbf{0} \\ \mathbf{0} & \mathbf{I} \end{bmatrix} \mathbf{u}_{wc} \quad .$$

Der Ausgangsvektor $\mathbf{y}_w$ stellt eine Auswahl an Zielgrößen für die Optimierung der Reglerparameter zur Verfügung, von denen aus physikalischen Gründen und nach Analyse der spektralen Leistungsverteilungen nur ein Teil Verwendung findet.

Hierzu gehören an erster Stelle die Lage- und Geschwindigkeitsfehler (5.5e) der Endmasse in den inertialen Raumrichtungen, die durch die Regelung minimal werden sollen. Wegen ihres überwiegenden Signalanteils durch "elastische" Systemeigenwerte und der damit besonderen Eignung für die Minimierung störender Strukturschwingungen, dienen zusätzlich als Zielgrößen die zeitlichen Ableitungen ($\Delta\dot{v}_1$, $\Delta\dot{v}_2$, $\Delta\dot{w}_1$, $\Delta\dot{w}_2$) der Relativverformungen der Arme. Aufgrund des proportionalen Zusammenhanges zwischen den Verformungen Δv_2 und Δw_2 des Unterarmes und den Beschleunigungen der Endmasse, wenn keine äußerer Störkräfte angreifen, kann man die Minimierung der Ableitungen $\Delta\dot{v}_2$ und $\Delta\dot{w}_2$ physikalisch als Optimierung des Beschleunigungsverhaltens durch Glättung der Beschleunigungszeitverläufe interpretieren. Neben der Minimierung von Bahnfehlern und Strukturschwingungen sind die Stellgrößen u_{Mj} (j=0,1,2) der einzelnen Achsen aus (5.1a), die für die gewünschten Sollverläufe der Endmasse innerhalb gegebener Begrenzungen bleiben müssen, von Interesse.

Wegen des Ansatzes je einer eigenen Regelung für die Umfangsrichtung und Vertikalebene (vgl. Abschnitt 5.2.2 und Bild 5.3), werden die oben aufgezählten Optimierungszielgrößen aus $\mathbf{y_w}$ herausgezogen und in getrennten Vektoren $\mathbf{z}_0$ und $\mathbf{z}_{1,2}$ zusammengefaßt, die in (5.6) zusammen mit der Verwendung der einzelnen Elemente im Reglerentwurf angegeben sind:

$$\mathbf{z}_0 = [\underbrace{s_{3y},\ \dot{s}_{3y},\ \Delta\dot{v}_1,\ \Delta\dot{v}_2}_{\text{zu minimieren}} \ | \ \underbrace{u_{M0}}_{\text{begrenzt}}]^T \quad , \qquad (5.6)$$

$$\mathbf{z}_{1,2} = [\underbrace{s_{3x},\ s_{3z},\ \dot{s}_{3x},\ \dot{s}_{3z},\ \Delta\dot{w}_1,\ \Delta\dot{w}_2}_{\text{zu minimieren}} \ | \ \underbrace{u_{M1},\ u_{M2}}_{\text{begrenzt}}]^T \quad .$$

Die restlichen Größen in $\mathbf{y_w}$ können ggf. im Laufe des Entwurfes zusätzlich zur Information und für Analysezwecke herangezogen werden.

5.2.4 Kopplung der Teilsysteme

Die in den Abschnitten 5.1 bis 5.2.3 beschriebenen Zustandsdarstellungen der Teilsysteme werden wie Bild 5.4 veranschaulicht in folgenden Schritten zum Gesamtsystem verkoppelt:

1. Kopplung der Teilsysteme, die während des Reglerentwurfes konstant bleiben. Dieses sind die stabilen Anregungsmodelle (5.3c) und (5.3f), die Regelstrecke (5.2a) und (5.2c) und das stabile Bewertungsmodell (5.5f). Das resultierende System wird als ***erweitertes Streckenmodell*** bezeichnet /Kasper 1985/.

2. Kopplung des konstanten erweiterten Streckenmodells mit der Regelung (5.4f), deren Parameter im Entwurf optimiert werden.

Nach dem ersten Schritt mit den Koppelbedingungen

$$\mathbf{u}_{pe} = \mathbf{y}_d \;, \quad \mathbf{u}_{wr} = \mathbf{y}_r \;, \quad \mathbf{u}_{wc} = \mathbf{y}_{po} \tag{5.7a}$$

ist die Zustandsdarstellung des erweiterten Streckenmodells (Index a für augmented):

$$\dot{\mathbf{x}}_a = \mathbf{A}_a\mathbf{x}_a + \mathbf{B}_{ac}\mathbf{u}_{pc} + \mathbf{B}_{ae}\mathbf{u}_{ae} \tag{5.7b}$$

$$= \begin{bmatrix} \mathbf{A}_w & \mathbf{0} & \mathbf{0} & \mathbf{B}_{wr}\mathbf{C}_r \\ \mathbf{0} & \mathbf{A}_p & \mathbf{0} & \mathbf{0} \\ \mathbf{0} & \mathbf{0} & \mathbf{A}_d & \mathbf{0} \\ \mathbf{0} & \mathbf{0} & \mathbf{0} & \mathbf{A}_r \end{bmatrix} \begin{bmatrix} \mathbf{x}_w \\ \mathbf{x}_p \\ \mathbf{x}_d \\ \mathbf{x}_r \end{bmatrix} + \begin{bmatrix} \mathbf{0} \\ \mathbf{B}_{pc} \\ \mathbf{0} \\ \mathbf{0} \end{bmatrix} \mathbf{u}_{pc} + \begin{bmatrix} \mathbf{0} & \mathbf{0} \\ \mathbf{0} & \mathbf{0} \\ \mathbf{B}_d & \mathbf{0} \\ \mathbf{0} & \mathbf{B}_r \end{bmatrix} \begin{bmatrix} \mathbf{u}_d \\ \mathbf{u}_r \end{bmatrix} \;,$$

$$\mathbf{y}_{am} = \mathbf{C}_{am}\mathbf{x}_a$$

$$\begin{bmatrix} \mathbf{y}_{pm} \\ \mathbf{y}_r \end{bmatrix} = \begin{bmatrix} \mathbf{0} & \mathbf{C}_{pm} & \mathbf{D}_{pme} & \mathbf{0} \\ \mathbf{0} & \mathbf{0} & \mathbf{0} & \mathbf{C}_r \end{bmatrix} \mathbf{x}_a \;,$$

$$\mathbf{y}_w = \mathbf{C}_{aw}\mathbf{x}_a + \mathbf{D}_{awc}\mathbf{u}_{pc}$$

$$= \begin{bmatrix} \mathbf{C}_w & \mathbf{D}_{wc}\mathbf{C}_{po} & \mathbf{0} & \mathbf{0} \end{bmatrix}\mathbf{x}_a + \mathbf{D}_{wc}\mathbf{D}_{poc}\,\mathbf{u}_{pc} \quad .$$

Sie beschreibt die Dynamik der Regelstrecke sowie zusätzlich die am Anfang von Abschnitt 5.2 definierte Betriebs- und Entwurfsumgebung, in der sich die Regelstrecke befindet. Mit Blick auf die spätere Realisierung ist leicht einzusehen, daß für den Entwurf einer leistungsfähigen Regelung nicht nur eine möglichst wirklichkeitsnahe Modellierung der Regelstrecke, sondern auch ihrer Umgebung von großer Bedeutung ist.

Im zweiten Schritt, der im verwendeten Optimierungsverfahren (siehe Abschnitt 5.3) wiederholt durchlaufen wird, erfolgt die Kopplung des Reglers mit dem erweiterten Streckenmodell. Die Koppelbedingungen lauten mit den Vektoren aus (5.4f) und (5.7b):

$$\mathbf{u}_c = [\mathbf{u}_{cc}^T, \mathbf{u}_{cr}^T]^T = \mathbf{y}_{am} = [\mathbf{y}_{pm}^T, \mathbf{y}_r^T]^T \quad , \tag{5.7c}$$

$$\mathbf{u}_{pc} = \mathbf{y}_c \quad .$$

Einsetzen der zugehörigen Ausgangsgleichungen liefert die Zustandsdarstellung des geregelten Gesamtsystems (Indices ac für augmented, controlled)

$$\dot{\mathbf{x}}_{ac} = \mathbf{A}_{ac}\mathbf{x}_{ac} + \mathbf{B}_{ace}\mathbf{u}_{ae} \tag{5.7d}$$

$$= \begin{bmatrix} \mathbf{A}_w & \mathbf{0} & \mathbf{0} & \mathbf{0} & \mathbf{B}_{wr}\mathbf{C}_r \\ \mathbf{0} & \mathbf{A}_p+\mathbf{B}_{pc}\mathbf{D}_{cc}\mathbf{C}_{pm} & \mathbf{B}_{pc}\mathbf{C}_c & \mathbf{B}_{pc}\mathbf{D}_{cc}\mathbf{D}_{pme} & \mathbf{B}_{pc}\mathbf{D}_{cr}\mathbf{C}_r \\ \mathbf{0} & \mathbf{B}_{cc}\mathbf{C}_{pm} & \mathbf{A}_c & \mathbf{B}_{cc}\mathbf{D}_{pme} & \mathbf{0} \\ \mathbf{0} & \mathbf{0} & \mathbf{0} & \mathbf{A}_d & \mathbf{0} \\ \mathbf{0} & \mathbf{0} & \mathbf{0} & \mathbf{0} & \mathbf{A}_r \end{bmatrix} \begin{bmatrix} \mathbf{x}_w \\ \mathbf{x}_p \\ \mathbf{x}_c \\ \mathbf{x}_d \\ \mathbf{x}_r \end{bmatrix} + \begin{bmatrix} \mathbf{0} & \mathbf{0} \\ \mathbf{0} & \mathbf{0} \\ \mathbf{0} & \mathbf{0} \\ \mathbf{B}_d & \mathbf{0} \\ \mathbf{0} & \mathbf{B}_r \end{bmatrix} \begin{bmatrix} \mathbf{u}_d \\ \mathbf{u}_r \end{bmatrix} \quad ,$$

$$\mathbf{y}_w = \mathbf{C}_{acw}\mathbf{x}_{ac}$$

$$= \begin{bmatrix} \mathbf{C}_w & \mathbf{D}_{wc}(\mathbf{C}_{po}+\mathbf{D}_{poc}\mathbf{C}_{pm}) & \mathbf{D}_{wc}\mathbf{D}_{poc}\mathbf{C}_c & \mathbf{D}_{wc}\mathbf{D}_{poc}\mathbf{D}_{cc}\mathbf{D}_{pme} & \mathbf{D}_{wc}\mathbf{D}_{poc}\mathbf{D}_{cr}\mathbf{C}_r \end{bmatrix}\mathbf{x}_{ac}$$

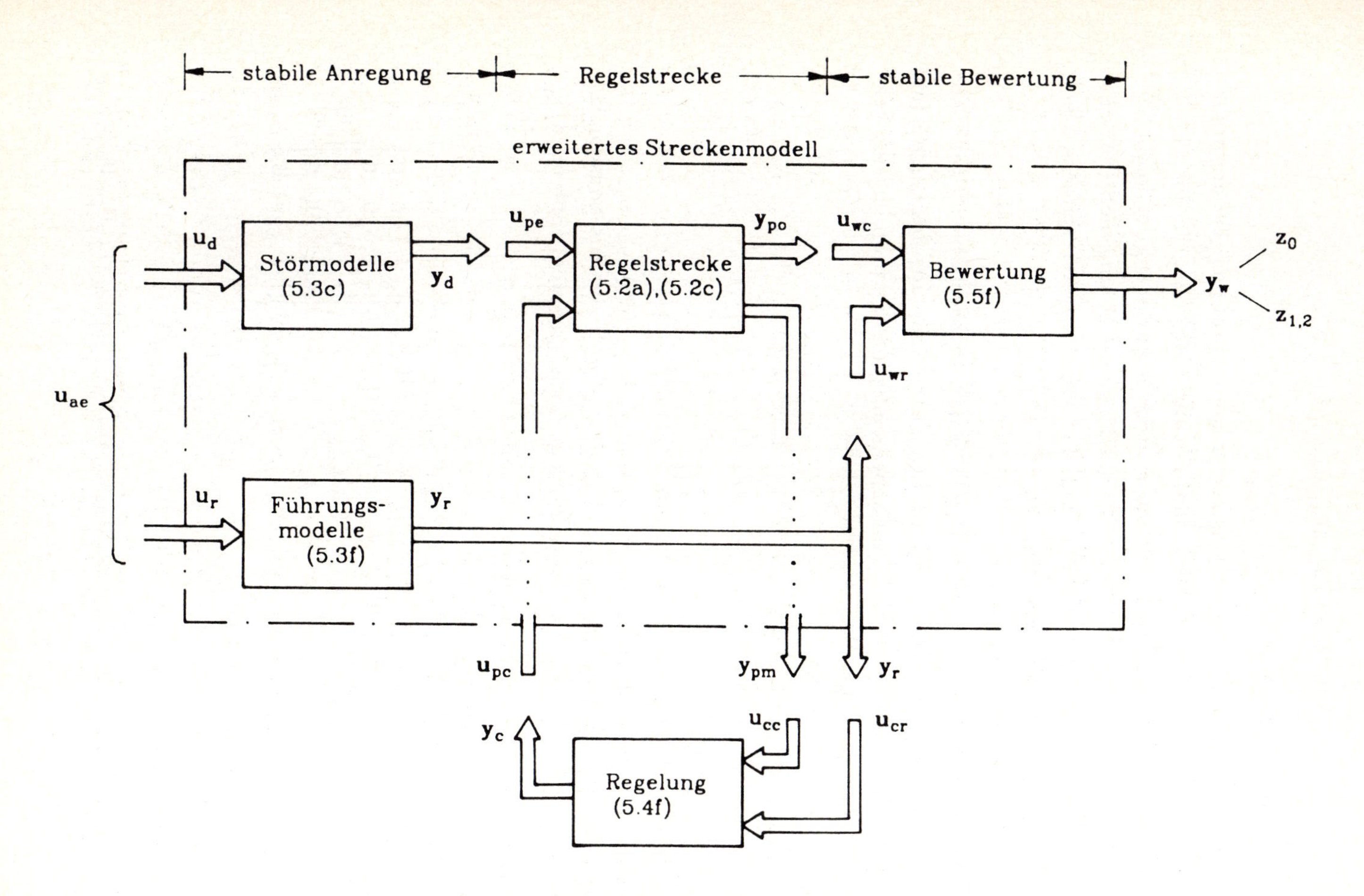

Bild 5.4: Kopplung der Teilsysteme zum Gesamtsystem für den Reglerentwurf

mit einer Systemordnung 53, 13 Eingängen und 31 Ausgängen.

5.2.4.1 Struktureller Aufbau

Bild 5.4 und Gleichung (5.7b) zeigen die folgenden Struktureigenschaften des erweiterten Streckenmodells. Aus Sicht der Regelung sind die Zustände der Anregungsmodelle $\mathbf{x}_d$ und $\mathbf{x}_r$ im Meßausgangsvektor $\mathbf{y}_{am}$ beobachtbar, über den Steuereingangsvektor $\mathbf{u}_{pc}$ aber nicht steuerbar. Für die Bewertung ist der Zustand $\mathbf{x}_w$ hier von $\mathbf{u}_{pc}$ aus nicht steuerbar und über $\mathbf{y}_{am}$ nicht beobachtbar. Folglich bleiben bei Rückführung des Ausgangsvektors $\mathbf{y}_{am}$ auf die Steuereingänge des erweiterten Streckenmodells, wegen der zugehörigen Residuen (Eigenwertempfindlichkeiten) identisch Null, die Eigenwerte der beiden Modellteile Anregung und Bewertung unverändert. Dieses entspricht der Forderung einer gleich bleibenden Betriebs- und Entwurfsumgebung während der Optimierung der angesetzten Reglerstruktur. Die Zustandsgrößen $\mathbf{x}_p$ sind dagegen über $\mathbf{u}_{pc}$ steuerbar und mit $\mathbf{y}_{am}$ beobachtbar.

Vom Anregungseingang $\mathbf{u}_{ae}$ sind über den Teileingangsvektor $\mathbf{u}_d$ aus allein der Zustand $\mathbf{x}_d$ und über $\mathbf{u}_r$ die Zustände $\mathbf{x}_r$ und $\mathbf{x}_w$ der Führungsanregung und Bewertung steuerbar. Im bewerteten Ausgangsvektor $\mathbf{y}_w$ sind alle Zustände außer $\mathbf{x}_d$ beobachtbar. Jedoch ändern sich diese Verhältnisse sobald das geregelte Gesamtsystem (5.7d) betrachtet wird. Dann sind alle Zustände von $\mathbf{u}_{ae}$ aus steuerbar und von $\mathbf{y}_w$ aus beobachtbar. Dabei kann die parallele Wirkung der Zustände $\mathbf{x}_r$ der Führungsanregung auf $\mathbf{y}_w$, sowohl direkt über $\mathbf{x}_w$ als auch indirekt über die Regelung und den Zustand $\mathbf{x}_p$ der Regelstrecke, später zur gezielten Beeinflussung der Beobachtbarkeit von $\mathbf{x}_r$ genutzt werden. Bei Betrachtung rampen- und parabelförmiger Führungsverläufe (vgl. Abschnitt 5.2.1), können die aus beiden Pfaden resultierenden Residuen der zugehörigen Anregungseigenwerte in den in $\mathbf{y}_w$ enthaltenen Lagefehlern (5.5e) der Endmasse für bestimmte Aufschaltverstärkungen (5.4a) der Regelung zum Verschwinden gebracht werden. Die damit nicht mehr gegebene Beobachtbarkeit der Anregungszustände in den Fehlergrößen ist gleichbedeutend mit einem stationär genauen Bewegungsverhalten der Endmasse auf den entsprechenden Bahnen im Raum.

5.3 Entwurfsverfahren

Die Optimierung der 30 freien Reglerparameter aus Abschnitt 5.2.2 im geregelten Gesamtsystem (5.7d) erfolgt mit Hilfe eines sogenannten *Instrumentellen Entwurfsverfahrens* /Kasper 1985, Lückel u.a. 1985/. Dieses Verfahren erlaubt im Gegensatz zum häufig verwendeten Riccati-Entwurf die Behandlung beliebig vorgegebener Reglerstrukturen im geschlossenen Kreis (vom einfachen Kaskadenregler bis zur vollständigen Zustandsvektorrückführung mit Beobachter) und ist damit für den gewählten Ansatz der Regelung besonders geeignet. Ein weiterer Vorteil im Vergleich zum integralen quadratischen Gütefunktional des Riccati-Entwurfes für $\mathbf{y}_w$, das nur eine summarische Aussage über die Güte des geregelten Systems gibt, besteht in der direkten Beeinflussungsmöglichkeit der einzelnen Entwurfszielgrößen, die in einem *vektoriellem Gütekriterium* zusammengefaßt sind. Dieses Kriterium enthält die *Eigenwerte des geschlossenen Kreises* und die *mittleren Amplituden der Optimierungszielgrößen* (5.6), die sich bei der in Abschnitt 5.2.1 beschriebenen Anregung an den Führungs- und Störeingängen $\mathbf{u}_r$ und $\mathbf{u}_d$ des Gesamtsystems ergeben. Mit Hilfe ihrer Empfindlichkeiten bezüglich Parameteränderungen können die Eigenwerte und mittleren Amplituden durch geeignete Vorgaben im Rahmen der Möglichkeiten der angesetzten Systemstruktur in gewünschter Weise beeinflußt werden. Solche Vorgaben sind z.B.:

- Festhalten oder Verschieben von Eigenwerten. Diese Vorgaben sind zweckmäßig, wenn Eigenwerte zu Spillover /Balas 1975/ im geregelten System neigen (→ Festhalten) oder in gewünschten Zielbereichen liegen sollen (→ Festhalten bzw. Verschieben).

- Minimieren, Festhalten oder Maximieren von mittleren Amplituden unter Berücksichtigung gegebener Beschränkungen, z.B. der Stellgrößen.

Das gesamte nichtlineare Optimierungsproblem, die Komponenten des Gütekriteriums entsprechend den Vorgaben in bestimmte Zielbereiche zu bewegen, wird auf die iterative Lösung einer Folge von linearen Teilproblemen zurückgeführt. In jedem Teilschritt der Optimierung wird mit Hilfe der lokalen Empfindlichkeiten der Komponenten des Gütekriteriums durch eine geeignete Parameteränderung versucht, das Gütekriterium dem gewünschten Ziel näher zu bringen. Nach jedem erfolgreichen Teilschritt erfolgt mit den veränderten Parametern ein Neuaufbau des Gesamtsystems (5.7d) und die Berechnung neuer lokaler Empfindlichkeiten für den nächsten Teilschritt. Eine ausführlichere Beschreibung des "Instrumentellen Verfahrens" ist in der oben angegebenen Literatur zu finden.

5.4 Optimierung der freien Systemparameter

Mit dem beschriebenen Entwurfsverfahren erfolgt nun die Optimierung der Parameter der in Abschnitt 5.2.2 angesetzten Regelung. Dabei kann die ***Komplexität*** ausgehend ***von einer konventionellen Starrkörperregelung*** mit nur antriebsseitigen Rückführungen schrittweise durch Hinzunahme abtriebsseitiger Signale ***bis zur kompletten angesetzten Ausgangsvektorrückführung*** gesteigert werden. Hier werden die folgenden drei Komplexitätsstufen betrachtet:

1. Konventionelle Regelung unter Annahme einer idealen starren Regelstrecke (Starrkörperregelung) mit alleiniger Rückführung der antriebsseitigen Winkel und Winkelgeschwindigkeiten,

2. Reduzierte Ausgangsvektorrückführung (AVR), mit dynamischer Rückführung (PD-Verhalten) der Krümmungssignale des jedem Antrieb direkt folgenden Armes ($v''_{1m} \rightarrow u_{M0}$, $w''_{1m} \rightarrow u_{M1}$, $w''_{2m} \rightarrow u_{M2}$) ohne Kreuzkopplungen,

3. Vollständige AVR (5.4f) aus Abschnitt 5.2.2.

Die ersten beiden Regelungen entstehen aus der vollständigen AVR durch Streichung der nicht betrachteten Verstärkungen. Während die Starrkörperregelung ausschließlich die Verstärkungen $k_{cj\varphi}$ und $k_{cj\Omega}$ aus (5.4e) enthält, erhält man die reduzierte AVR aus (5.4d) und (5.4e) mit $k_{cx02}=k_{c0v2}=0$, $\mathbf{k}_{c1x2}^T=\mathbf{k}_{c2x1}^T=\mathbf{0}^T$ und $\mathbf{k}_{c1u2}^T=\mathbf{k}_{c2u1}^T=\mathbf{0}^T$. Die zweite Struktur stellt wegen Fehlen der Rückführgröße v''_{2m} in Umfangsrichtung und der Kreuzkopplungen ($\mathbf{u}_{cc2}\rightarrow y_{cc1}$, $u_{cc1}\rightarrow y_{cc2}$) in der Vertikalebene eine dezentrale Regelung der einzelnen Achsen über die Teilausgangsvektoren $\mathbf{y}_{pmj}$ dar (vgl. Bild 5.3 und Gleichung (5.4f)). Sie weist einige Nachteile gegenüber der vollständigen AVR auf, die nach einer ausführlichen Beschreibung der Optimierung der vollständigen Rückführung aufgezeigt werden. Eine ausführliche Darstellung des Optimierungsverlaufes der reduzierten (dezentralen) AVR ist wegen weitgehender Übereinstimmung mit der vollständigen AVR nicht erforderlich. Die unter der Annahme eines Starrkörpermodells entworfene konventionelle Regelung stellt gleichzeitig den Startpunkt für die Optimierung der unbekannten Parameter der vollständigen AVR dar und dient als Referenz für die Beurteilung der erzielten Verbesserungen des Systemverhaltens.

5.4.1 Optimierungsphasen

Der Entwurf der AVR durch Optimierung der Zielgrößen ($z_i\rightarrow z_{i\,opt}$) aus (5.6) für das geregelte Gesamtsystem (5.7d) wird in folgende drei Phasen unterteilt:

1. Zunächst wird für den Entwurfsstart zur Stabilisierung der Integratorpole der Regelstrecke (vgl. Tabelle 4.1) ein ***konventioneller Regler*** mit antriebsseitigen Meßgrößen (Winkel φ_{jm} und Winkelgeschwindigkeiten Ω_{jm}) ausgelegt. Dieses geschieht durch Vorgabe der entsprechenden Eigenwertepaare der Schwenkbewegungen in der Weise, daß eine gewünschte Eigendynamik und genügend Stellgrößenreserve für die Schwingungsausregelung sichergestellt sind. Ferner werden die

Eigenwerte der Gewichtungsmodelle über die Eigenfrequenzen ω_{wj} und Dämpfungen d_{wj} etwa in gleiche Bereiche gelegt, so daß bei Optimierungsstart das dynamische Verhalten der reinen Schwenkbewegungen (ohne Berücksichtigung elastischer Anteile und der Verkopplung von Schulter und Ellbogen) etwa dem Wunschverhalten entspricht. Die resultierenden 6 Rückführverstärkungen $k_{cj\varphi}$ und $k_{cj\Omega}$ (j=0,1,2) der Regelung dienen als Startwerte in die folgende Phase.

2. Hier wird die *Ausregelung elastischer Schwingungen* durch Minimierung der mittleren Amplituden der Geschwindigkeitsfehler $\dot{s}_3$ der Endmasse aus (5.5e) und der Ableitungen $\Delta\dot{v}_2$ und $\Delta\dot{w}_2$ der Armverformungen sichergestellt. Um die elastischen Eigenbewegungen besonders stark anzuregen, werden die Anregungsmodelle (5.3d) auf sprungförmige Ausgangsgrößen eingestellt. Die Aufschaltverstärkungen für Geschwindigkeit und Beschleunigung im Regler (5.4a) und Gewichtungsmodell (5.5c) sind, da das geregelte System auf Führungssprünge bereits stationär genau antwortet, identisch Null. Während die in Phase 1 genannten Eigenwertpaare festgehalten werden, d.h. die Schwenkbewegungen der Achsen ein etwa gleiches dynamisches Verhalten beibehalten, verschieben sich die Schwingungseigenwerte automatisch in geeignete Bereiche zu höheren Dämpfungen und Frequenzen. Durch die resultierende Reduzierung der Schwingungsanteile in der Systemantwort erfolgt eine weitere Anpassung an das durch die Gewichtungsmodelle vorgegebene Wunschverhalten. Als Ergebnis liegen schließlich die endgültigen 18 Verstärkungen der Ausgangsvektorrückführung und 6 Parameter der Teilbeobachter vor.

3. Bei entsprechend auf rampen- und parabelförmige Signale eingestellten Führungsanregungsmodellen erfolgt zuletzt die *Sicherung der stationären Genauigkeit* durch Minimierung der mittleren Amplituden der Lagefehler $\mathbf{s}_3$ aus (5.5e), und es ergeben sich die 6 Aufschaltverstärkungen $k_{rj\Omega}$ und $k_{rj\alpha}$ (j=0,1,2) aus (5.4a) für die Geschwindigkeits- und Beschleunigungssollwertverläufe der drei Achsen. In dieser Phase der Optimierung werden, wie in Abschnitt 5.2.3 bereits

angedeutet, in den Gewichtungsmodellen (5.5c) zur Gewährleistung schleppfehlerfreier Sollbewegungen (5.5d) die Aufschaltungen $k_{wj\Omega} = 2d_{wj}\omega_{wj}$ und $k_{wj\alpha} = 1$ gesetzt.

5.4.2 Vollständige Ausgangsvektorrückführung

5.4.2.1 Konventionelle Regelung für den Entwurfsstart

Entsprechend Abschnitt 5.4.1 erfolgt als erster Schritt die Auslegung einer konventionellen Rückführung. Dieses geschieht bei Rückführung der Winkel und Winkelgeschwindigkeit φ_{jm} und Ω_{jm} auf die zugehörige Stellgröße u_{Mj} durch Vorgabe der Eigenwertpaare der drei Schwenkbewegungen für eine Anregelzeit der einzelnen Achsen von etwa 0.1 s. Zur Berechnung der Rückführverstärkungen dienen für jede Achse entkoppelte Starrkörpermodelle zweiter Ordnung. Man erhält diese einfachen Modelle in Form einzelner Drehmassen mit geschwindigkeitsproportionalen Dämpfungen durch Zusammenfassen der antriebsseitigen mit den jeweils folgenden abtriebsseitigen Trägheitsmomenten, die zuvor auf die Antriebsseiten umgerechnet wurden. Die Dämpfungen b_j werden vom vollständigen Modell übernommen.

Wegen der in Wirklichkeit vorhandenen Kopplung der Achsen in der Vertikalebene und der elastischen Eigenschaften des Systems, ergeben sich mit dem vollständigen Modell bei Einsetzen der auf obige Art ermittelten Verstärkungen (vgl. Anhang D) andere als die vorgegebenen Eigenwerte, wie Tabelle 5.1 zeigt.

vorgegeben	tatsächlich	für Achse
32.00 ±j 24.00	34.71 ±j 25.79 37.01 ±j 22.41 31.49 ±j 25.61	Hochachse Schulter Ellbogen

Tabelle 5.1: Eigenwerte der Schwenkbewegungen beim Entwurf der konventionellen Regelung

Da allein antriebsseitige Meßsignale für die Rückführung verwendet werden, bleiben die restlichen Schwingungseigenwerte durch die konventionelle Regelung weitgehend unberührt. Eine bessere Übereinstimmung der tatsächlichen und vorgegebenen Eigenwerte aus Tabelle 5.1 als mit entkoppelten Achsmodellen ließe sich für die vertikale Bewegungsebene mit einem verkoppelten Starrkörpermodell erreichen. Wegen der jedoch noch tolerierbaren Abweichungen und der Verwendung der konventionellen Regelung als Startregelung zur Optimierung der vollständigen AVR, ist eine genauere Auslegung der Starrkörperregelung hier nicht erforderlich.
Die Eigenwerte der Gewichtungsmodelle, zur Vorgabe einer entkoppelten Wunschdynamik je Roboterachse im Bewertungsteil der Systemstruktur gemäß Bild 5.3, werden wie bei der Polvorgabe für die geregelte Strecke auf $-32 \pm j24$ (ω_{wj}=40 s^{-1}, d_{wj}=0.8) eingestellt.

Bilder 5.5 bis 5.7 zeigen die mit konventioneller Regelung simulierten Zeitantworten der inertialen Auslenkungen $\Delta r_3^{(0)}$ und Geschwindigkeiten $\Delta \dot{r}_3^{(0)}$ der Endmasse und Ableitungen $\Delta\dot{v}_2$, $\Delta\dot{w}_2$ der Armverformungen bei abwechselnder Sprunganregung

$$\varphi_{0\,ref} = \sigma\, i_0/\,(l_1\cos(\varphi_{1ys})+l_2\cos(\varphi_{2ys}+\varphi_{1ys})) \quad ,$$

$$\varphi_{1\,ref} = \sigma\, i_1/\,(l_1\cos(\varphi_{1ys}) + l_2\cos(\varphi_{2ys}+\varphi_{1ys})) \quad ,$$

$$\varphi_{2\,ref} = \sigma\, i_2/\,l_2\cos(\varphi_{2ys}+\varphi_{1ys}) \tag{5.8}$$

an den antriebsseitigen Winkelsollwerten der Achsen mit σ=1 cm. Die Zeitantworten der Bewegungsgrößen der Endmasse sind gemeinsam mit den zugehörigen Sollantworten $\Delta r_{3ref}^{(0)}$ und $\Delta \dot{r}_{3ref}^{(0)}$ dargestellt, die sich gemäß (5.5d) aus der Wunschdynamik für das geregelte System und der Starrkörperkinematik der Regelstrecke ergeben. Im Fall des für die Bewertung zugrunde gelegten Starrkörpermodells sind die Sollantworten der Armverformungen identisch Null.
Die Differenzen zwischen den Soll- und Istantworten in Bildern 5.5 bis 5.7 stellen die zu minimierenden Optimierungszielgrößen dar. Sie enthalten einen deutlichen Anteil (Amplituden von einigen Millimetern) aus

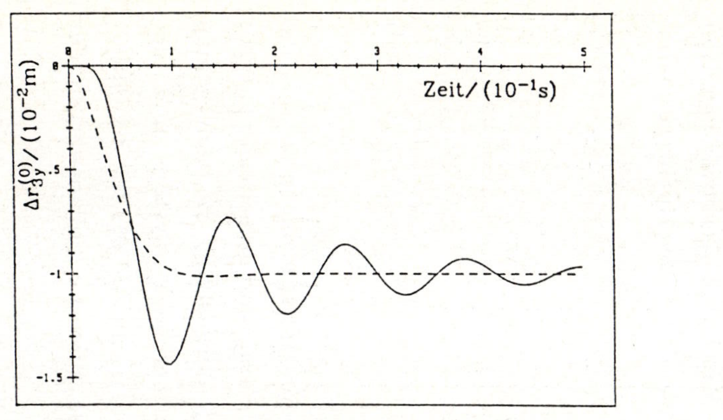

Bild 5.5a: Auslenkung der Endmasse in y_0–Richtung

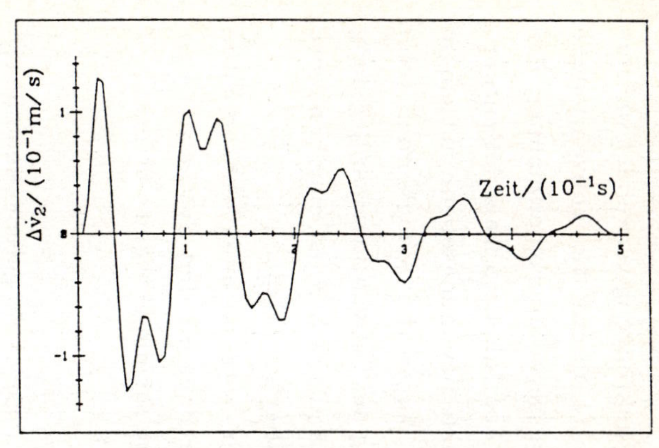

Bild 5.5c: Zeitliche Ableitung der Verformung des Unterarmes in Umfangsrichtung

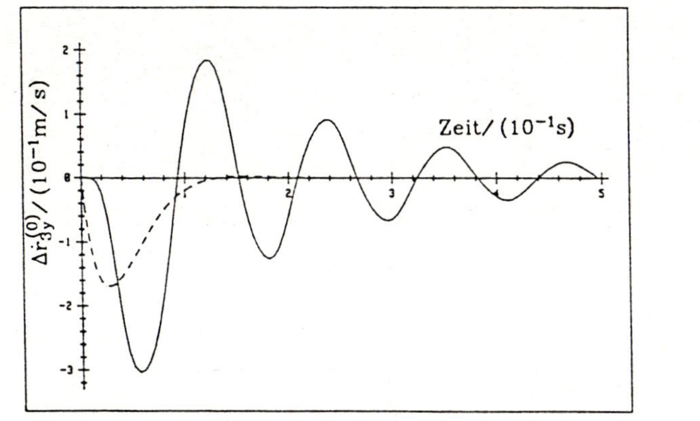

Bild 5.5b: Geschwindigkeit der Endmasse in y_0–Richtung

Zeitantworten mit konventioneller Regelung

Bilder 5.5: Sprung auf den Winkelsollwert φ_{Cref} der Hochachsregelung
——— Istantworten
– – – Sollantworten

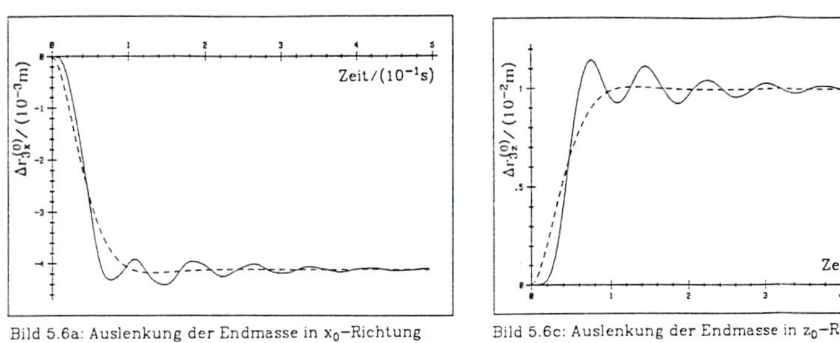

Bild 5.6a: Auslenkung der Endmasse in x_0–Richtung

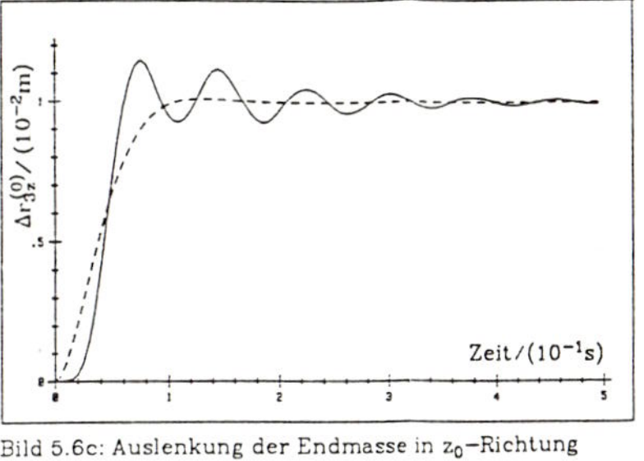
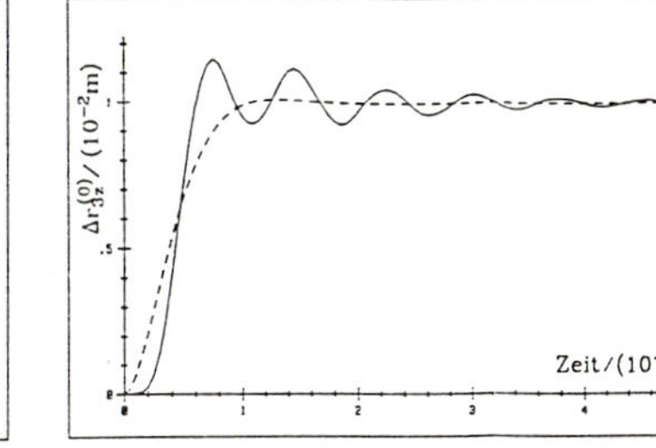

Bild 5.6c: Auslenkung der Endmasse in z_0–Richtung

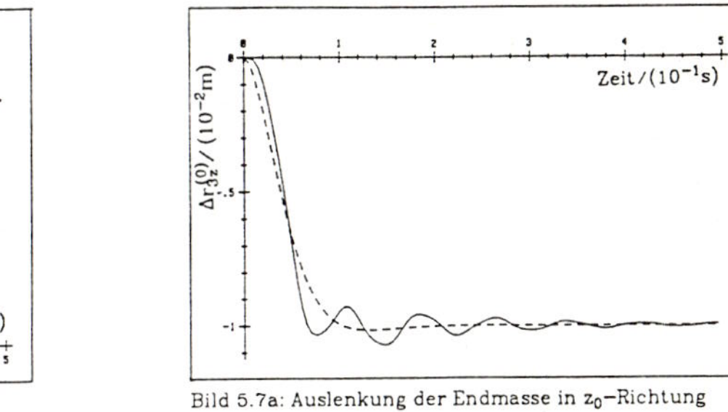

Bild 5.7a: Auslenkung der Endmasse in z_0–Richtung

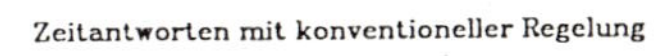

Bild 5.6b: Geschwindigkeit der Endmasse in x_0–Richtung

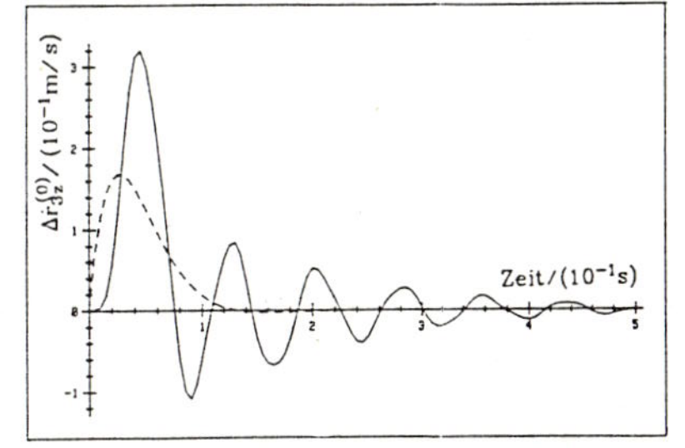

Bild 5.6d: Geschwindigkeit der Endmasse in z_0–Richtung

Bild 5.7b: Geschwindigkeit der Endmasse in z_0–Richtung

Zeitantworten mit konventioneller Regelung

Bilder 5.6: Sprung auf den Winkelsollwert φ_{1ref} der Schulterregelung
——— Istantworten
– – – Sollantworten

Bilder 5.7: Sprung auf den Winkelsollwert φ_{2ref} der Ellbogenregelung
——— Istantworten
– – – Sollantworten

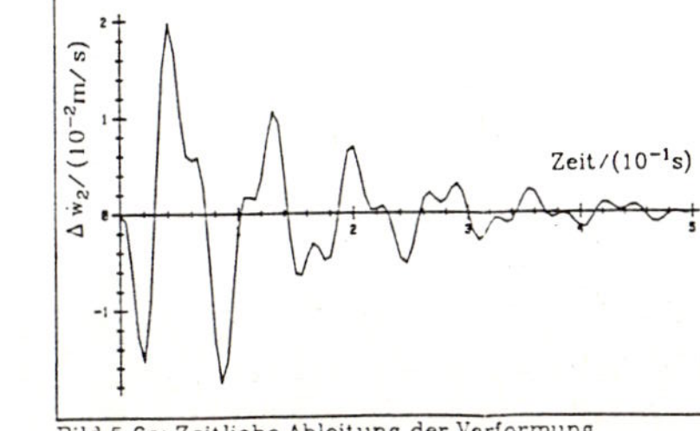

Bild 5.6e: Zeitliche Ableitung der Verformung des Unterarmes in Vertikalrichtung

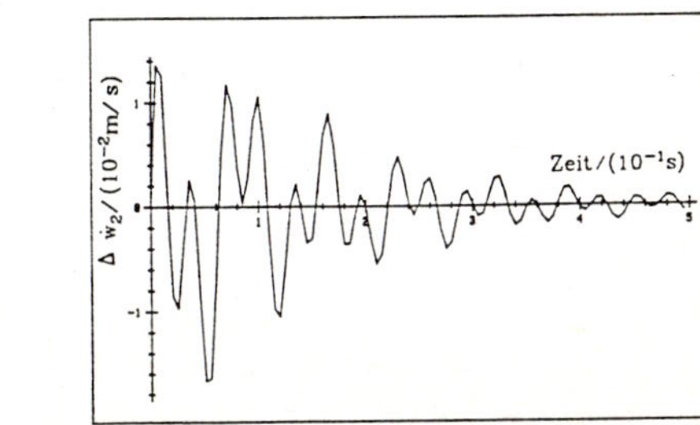

Bild 5.7c: Zeitliche Ableitung der Verformung des Unterarmes in Vertikalrichtung

elastischen Streckeneigenschaften, der in den Bewegungsgrößen der Endmasse hauptsächlich auf die Grundschwingungen ($58.83\ s^{-1}$ und $84.62\ s^{-1}$, siehe Tabelle 4.1) zurückzuführen ist. Ausgeprägtere Oberschwingungsanteile findet man in den zeitlichen Ableitungen $\Delta\dot{v}_2$ und $\Delta\dot{w}_2$ der Armverformungen, so daß mit diesen als Zielgrößen die zugehörigen Eigenbewegungen ($170.4\ s^{-1}$ und $198.1\ s^{-1}$) in Umfangs- und Vertikalrichtung in die Optimierung einbezogen werden.

Ein Vergleich der Sprungantworten für die Umfangsrichtung (Bilder 5.5) und Vertikalebene (Bilder 5.6 und 5.7) zeigt besonders starke elastische Eigenschaften der Regelstrecke in Umfangsrichtung (y_0–Richtung). In der vertikalen (x_0, z_0–)Ebene sind bei gleichen Sollsprunghöhen $\Delta r^{(0)}_{3z\,ref}(t)=\sigma(t)=1$ cm die Schwingungsamplituden der Grundschwingung für einen Sprung auf den Schulterregelkreis (Bilder 5.6) etwa um den Faktor 2 größer als bei Sprunganregung der Ellbogenregelung (Bilder 5.7). Wie die Bilder 5.6e und 5.7c zeigen, werden die Oberschwingungen stärker über den Ellbogen angeregt.
Die Ergebnisse in Bildern 5.5 bis 5.7 sind der Ausgangspunkt für die Auslegung der vollständigen Ausgangsvektorrückführung.

5.4.2.2 Optimierung der vollständigen Ausgansvektorrückführung

In der zweiten Optimierungsphase wird hier die Ausregelung elastischer Schwingungen sichergestellt (vgl. Abschnitt 5.4.1). Dies erfolgt mit Hilfe des in Abschnitt 5.3 beschriebenen "Instrumentellen Entwurfsverfahrens", das auf das gekoppelte Gesamtsystem (5.7d) mit den unbekannten Rückführparametern der Regelung als optimierbare Parameter angewendet wird. Als Optimierungszielgrößen aus (5.6) dienen in dieser Phase aufgrund ihrer besonderen Eignung die Geschwindigkeitsfehler $\dot{s}_{3x}$, $\dot{s}_{3y}$, $\dot{s}_{3z}$ und die zeitlichen Ableitungen der Armverformungen $\Delta\dot{v}_2$ und $\Delta\dot{w}_2$. Die Minimierung dieser Zielgrößen, die für die Umfangsrichtung und Vertikalebene wegen der Entkopplung der zugehörigen Bewegungen getrennt durchgeführt werden kann, liefert automatisch die gesuchten Reglerparameter aus (5.4e).
Um von vornherein in der Optimierung brauchbare Schätzwerte für die zeit-

lichen Ableitungen der Krümmungssignale sicherzustellen, sind geeignete Starteigenwerte $1/T_{Dj..}$ für die Teilbeobachter (5.4c) vorzugeben. Aus vorangehenden Entwürfen erwiesen sich Werte etwa zehnmal schneller als die Eigenfrequenzen der zu dämpfenden Grundschwingungen der Regelstrecke als brauchbare Vorgaben. Bezieht man mit dieser Starteinstellung die Beobachterzeitkonstanten $T_{Dj..}$ in die Optimierung ein, treten während des Optimierungsvorganges keine nennenswerten Veränderungen der Zeitkonstanten auf, was auf die Unempfindlichkeit der Zielgrößen bezüglich Abweichungen der Zeitkonstanten von den gewählten Startwerten zurückzuführen ist. Die an den Meßgrößen angreifenden Störprozesse (5.3c) wirken sich primär begrenzend auf die den Teilbeobachtern nachgeschalteten Reglerverstärkungen und nur unbedeutend auf die bereits brauchbaren Differenzierererzeitkonstanten in den Teilbeobachtern aus. Es bietet sich daher zur Reduzierung des Rechenaufwandes an, die wie oben besetzten Zeitkonstanten als feste Parameter zu behandeln, womit sich die Anzahl der zu optimierenden Rückführparameter in (5.4e) auf 18 Verstärkungen (6 für die Umfangsrichtung und 12 für die Vertikalebene) vermindert.

Um die in dieser Entwurfsphase interessierenden Schwingungseigenwerte besonders in den Optimierungszielgrößen herauszuheben, werden die Führungsanregungsmodelle (5.3f) für die Sollwinkelausgänge $\varphi_{j\,ref}=x_{rj1}$ mit $T_r=100$ s, $\omega_r=200\ s^{-1}$ und $d_r=0.9$ auf verzögerte sprungförmige Signale eingestellt. Da das geregelte System auf Sprunganregungen bereits stationär genau antwortet, werden die Ausgangsgrößen Sollwinkelgeschwindigkeit und -beschleunigung ($\Omega_{j\,ref}=x_{rj2}$ und $\alpha_{j\,ref}=\dot{x}_{rj2}$, j=0,1,2) der Anregungsmodelle in dieser Optimierungsphase der Regelung durch Nullsetzen der zugehörigen Verstärkungen in der Führungsgrößenausfschaltung (5.4a) $k_{rj\Omega}=k_{rj\alpha}=0$ und in der Bewertung (5.5c) $k_{wj\Omega}=k_{wj\alpha}=0$ nicht berücksichtigt. Die gewählte Bandbreite der Anregungsmodelle $\omega_r=200\ s^{-1}$ resultiert aus der Forderung, daß die für die Regelung interessierenden Eigenwerte der Grundschwingungen und ersten Oberschwingungen ausreichend angeregt werden müssen. Höherfrequentere Eigenwerte, die die Regelung nur wenig beeinflussen sollen, haben dagegen bei geringer Anregungsintensität in den Zielgrößen einen verschwindenden Anteil.

Bilder 5.8 und 5.9 stellen den Verlauf der zweiten Optimierungsphase am Beispiel der mittleren Amplituden (RMS) der Zielgrößen und der Eigenwertverschiebungen getrennt für die Umfangsrichtung und Vertikalebene dar.

Im folgenden wird zunächst die *Umfangsrichtung* (Bilder 5.8) betrachtet. Während die mittleren Amplituden des Geschwindigkeitsfehlers $\dot{s}_{3y}$ und der Verformungsableitung $\Delta\dot{v}_2$ wie vorgegeben mit jedem Teilschritt der Optimierung abnehmen (Bilder 5.8a und 5.8b), verschieben sich die Schwingungseigenwerte #1 und #2 in günstigere Bereiche zu höheren Dämpfungen und Eigenfrequenzen (Bild 5.8c). Der per Vorgabe festgehaltene Eigenwert #0 zur Schwenkbewegung (vgl Abschnitt 5.4.1) bewegt sich geringfügig zu höheren Frequenzen und Dämpfungen, vermutlich um den zunehmenden Einfluß der Schwingungseigenwerte am Schwenkverhalten und damit zusätzliche Abweichungen vom Gewichtungsmodell zu kompensieren.
Wegen fehlender Rückführungen von Zustandsgrößen neigt Eigenwert #3 zu Spillover und wird ebenfalls festgehalten. Ohne diese Vorgabe wäre eine schnelle, sich mit jedem Schritt beschleunigende Destabilisierung (Realteil → 0) von Eigenwert #3 zu beobachten, die auf seinen verschwindenden Beitrag in den minimierten Optimierungszielgrößen und damit auf eine ohne zusätzliche Maßnahmen aus Sicht der Zielgrößen "scheinbare Bedeutungslosigkeit" des Eigenwertes zurückzuführen ist.
Der Eigenwert #4 und die restlichen nicht mehr in Bild 5.8c dargestellten höherfrequenten Eigenwerte erfahren nur unbedeutende Veränderungen.

Zur Optimierung der Regelung für die ***Vertikalebene*** werden als Zielgrößen die mittleren Amplituden des Geschwindigkeitsfehlers $\dot{s}_{3x}$ und der Verformungsableitung $\Delta\dot{w}_2$ minimiert, deren Veränderungen in Bildern 5.9a und 5.9c dargestellt sind. Gleichzeitig bewegen sich in Bild 5.9d die Schwingungseigenwerte #1 und #2 wieder automatisch zu höheren Frequenzen und Dämpfungen. Die schon passend vorgegebenen etwa gleich schnellen Eigenwerte $\#0_1$ und $\#0_2$ der Schwenkbewegungen lassen ein leichtes Auseinanderdriften erkennen, das ohne eine einschränkende Vorgabe (siehe unten) ein unerwünschtes Ausmaß annimmt. Ursache ist die Kopplung der Schwenkbewegungen, zu deren Verringerung in der Optimierung

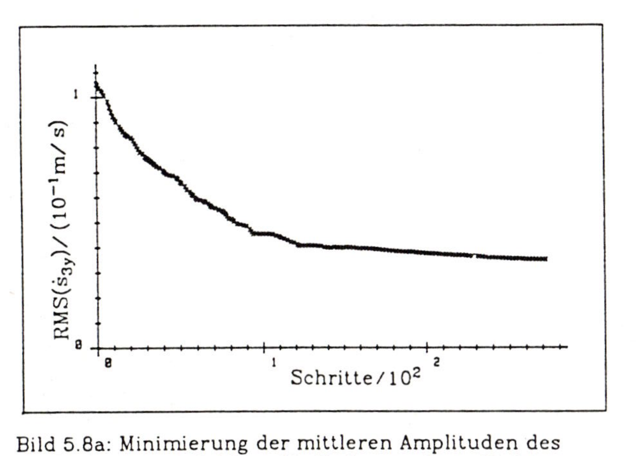

Bild 5.8a: Minimierung der mittleren Amplituden des Geschwindigkeitsfehlers der Endmasse in y_0-Richtung

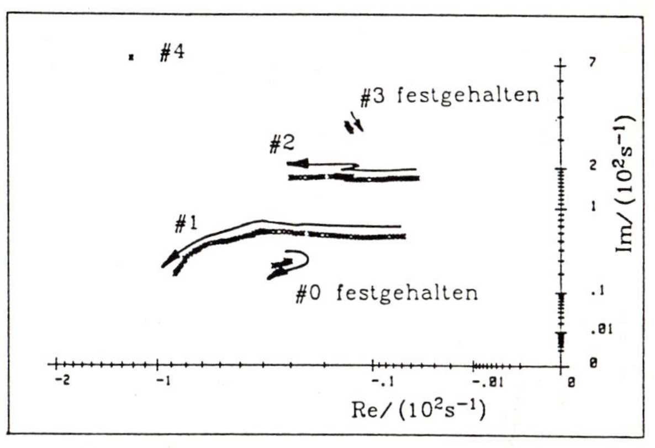

Bild 5.8c: Wanderung der Eigenwerte des geschlossenen Regelkreises (Umfangsrichtung)

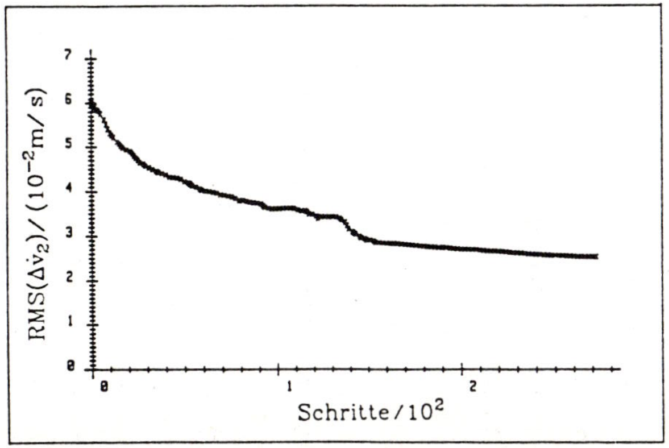

Bild 5.8b: Minimierung der mittleren Amplituden der Ableitung der Unterarmverformung in Umfangsrichtung

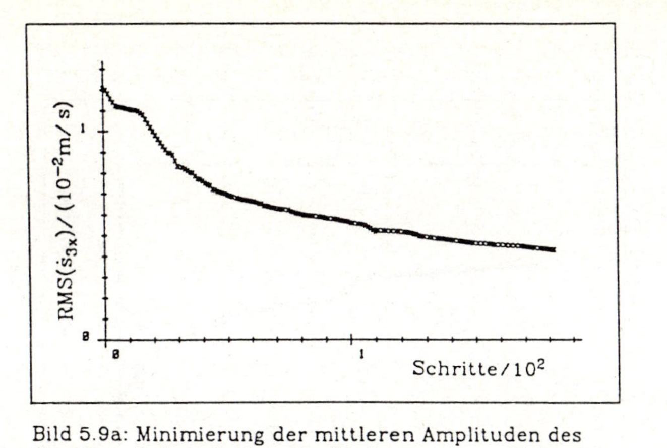

Bild 5.9a: Minimierung der mittleren Amplituden des Geschwindigkeitsfehlers der Endmasse in x_0-Richtung

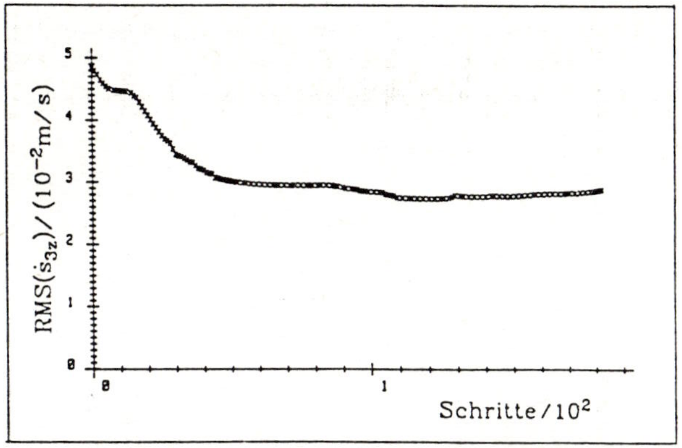

Bild 5.9b: Minimierung der mittleren Amplituden des Geschwindigkeitsfehlers der Endmasse in z_0-Richtung

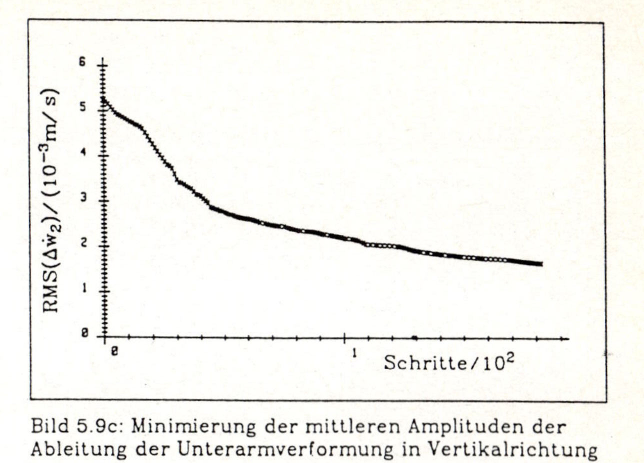

Bild 5.9c: Minimierung der mittleren Amplituden der Ableitung der Unterarmverformung in Vertikalrichtung

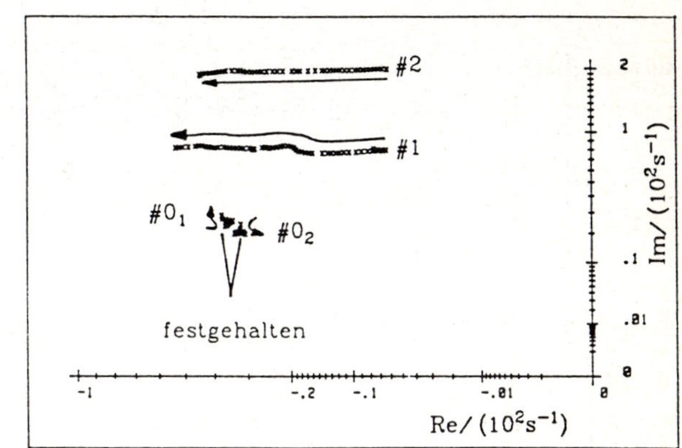

Bild 5.9d: Wanderung der Eigenwerte des geschlossenen Regelkreises (Vertikalebene)

Eigenwert $\#0_2$ der geregelten Ellbogenbewegung "langsamer" (Abschwächung der Kopplung auf die Schulter) und Eigenwert $\#0_1$ zur Schulterregelung "schneller" wird (Unterdrückung der Koppelmomente vom Ellbogen). Eine derartig einseitige Entkopplung durch Auseinanderziehen der Schwenkdynamiken ist wegen der Forderung nach einer unabhängigen, gleich schnellen Bewegbarkeit aller Achsen nicht erwünscht und wird durch Festhalten der Eigenwerte $\#0_1$ und $\#0_2$ verhindert. Aufgrund der hohen Getriebeübersetzungen und Trägheitsanteile der Antriebsdrehmassen haben die Kopplungen der Schwenkbewegungen einen relativ geringen Einfluß auf die Achsbewegungen. Daher sind bei den im normalen Betrieb (Bahnverfolgung) auftretenden sanfteren Führungsanregungen als die hier betrachteten Sprungfunktionen Maßnahmen zur Kompensation der Kopplungen nicht erforderlich.
Wie in Bild 5.8c für die Umfangsrichtung sind auch hier in Bild 5.9d die höherfrequenten Eigenwerte, die im Optimierungsverlauf nur geringfügige Veränderungen erfahren, nicht mehr dargestellt.

Phase 2 wird aufgrund nur noch geringer Verbesserungen der Zielgrößen, eines zunehmend schwerfälligen Entwurfsverlaufes und einer allmählich zunehmenden Stellgröße abgebrochen. Zu diesem Zeitpunkt haben sich die mittleren Amplituden der Zielgrößen auf etwa 30-50% der Werte bei Optimierungsbeginn reduziert. Die Endwerte ungleich Null erklären sich physikalisch aus den elastischen Eigenschaften des Systems. Beschleunigungen und Verzögerungen der Endmasse sind zur Erzeugung der notwendigen Kräfte und Momente nur durch elastische Verformungen der Antriebe und Arme möglich. Die verbleibenden Geschwindigkeitsfehler in Bildern 5.8a, 5.9a und 5.9b beruhen neben elastischen Eigenschaften zusätzlich auf der Tatsache, daß mit dem vorliegenden geregelten System hoher Ordnung keine vollständige Anpassung an das durch die Gewichtungsmodelle zweiter Ordnung vorgegebene entkoppelte Wunschverhalten gelingt.
Die Zahlenwerte der Rückführparameter der vollständigen AVR sind in Tabelle D4a in Anhang D zu finden.

Tabelle 5.2 enhält die Eigenwerte nach Entwurfsphase 2 für die Umfangsrichtung und Vertikalebene zum Vergleich mit den Eigenwerten der ungeregelten Strecke (Tabelle 4.1).

Real-/Imaginärteil	Kreisfrequenz	Dämpfung	Zuordnung
Umfangsrichtung			
-35.99 ± j 25.12	43.89	0.8201	Hochachse
-87.39 ± j 19.36	89.51	0.9763	
-30.11 ± j 169.6	172.3	0.1748	
-13.64 ± j 330.0	330.3	0.0413	
-120.8 ± j 749.4	759.0	0.1592	
-627.7 ± j 2212	2300	0.2730	
-988.9			Teilbeobachter-
-1019			zeitkonstanten
Vertikalebene			
-37.69 ± j 28.56	47.30	0.7970	Schulter
-30.68 ± j 19.68	36.45	0.8417	Ellbogen
-53.35 ± j 81.56	97.41	0.5477	
-44.10 ± j 185.8	191.0	0.2309	
-6602 ± j 3077	7284	0.9064	
-870.9			Teilbeobachter-
-980.4			zeitkonstanten
-1000			
-1010			
Führungsanregung			
-0.01			Sprunganregung,
-180.0 ± j 87.20	200.0	0.9	(×3) für jede Achse
Störanregung			
-20000			(×10) für jede Messung,
			10kHz Abtastfrequenz
Bewertung			
-32.00 ± j 24.00	40.00	0.8	(×3) für jede Achse

Tabelle 5.2: Eigenwerte des geregelten Gesamtsystems

Neben der bereits aus den Bildern 5.8c und 5.9d deutlich sichtbaren Erhöhung der Dämpfung relevanter Schwingungseigenwerte im geregelten System, sind der Tabelle die Eigenwerte der Gewichtungsmodelle und Anregungsmodelle für Führung (s.o.) und Störung zu entnehmen. Zur Festlegung der Störmodelleigenwerte gemäß (5.3b) diente eine Abschätzung der später realisierbaren Abtastfrequenz des Reglers, die sich für den verwendeten Signalprozessor TMS32010 zu f_S=10 kHz ergibt. Die Teilbeobachterzeitkonstanten wurden wie oben beschrieben auf $T_{Dj..}=10^{-3}$ s festgelegt, so daß zu Beginn von Optimierungsphase 2 die zugehörigen Starteigenwerte bei $-1000\ s^{-1}$ lagen.

Die schwingungsdämpfende Wirkung der AVR wird besonders anschaulich anhand der simulierten Zeitantworten in Bildern 5.10 bis 5.12. Der Vergleich der Lage- und Geschwindigkeitsantworten der Endmasse für das mit AVR und konventionellem Regler (Bilder 5.5 bis 5.7) geregelte System zeigt die praktisch vollständige Ausregelung der Grundschwingungen durch die AVR. In den Zeitverläufen der Verformungen des Unterarmes erkennt man zusätzlich die Dämpfung der ersten Oberschwingungen. Weniger als 0.2 s nach einer Sprunganregung des Systems sind alle Schwingungen ausgeregelt. Eine "Aufrauhung" des Zeitverlaufes der Verformung des Unterarmes in Umfangsrichtung (Bild 5.10c) entsteht durch die zweite Oberschwingung (Eigenwert #3 in Bild 5.8c mit Kreisfrequenz 330.3 s^{-1}), die im Vergleich zum konventionell geregelten Systems (Bild 5.5c) durch die AVR ein größeres Residuum erhält. Ebenfalls deutlich in den Zeitantworten mit AVR sind die verbleibenden Abweichungen der Istantworten von den gestrichelt dargestellten Sollantworten der Endmasse, die durch die sehr einfache (aber naheliegende) entkoppelte Wunschdynamik in den Gewichtungsmodellen entstehen. Dieser Punkt wurde bereits bei der Begründung der von Null verschiedenen Endwerte der Optimierungszielgrößen angesprochen.

Bei der Optimierung der Regelung für die Vertikalebene war die Verkopplung der Schwenkbewegungen von Schulter und Ellbogen zu berücksichtigen. Sie macht sich u.a. in den Bildern 5.11c und 5.12a durch ein Überschwingen der Endmasse bemerkbar, das im entkoppleten Fall nicht auftreten würde. Wie schon oben zum Verlauf der Optimierung

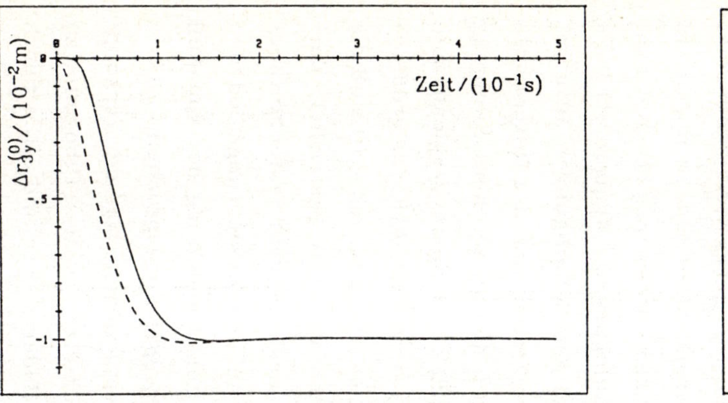

Bild 5.10a: Auslenkung der Endmasse in y_0–Richtung

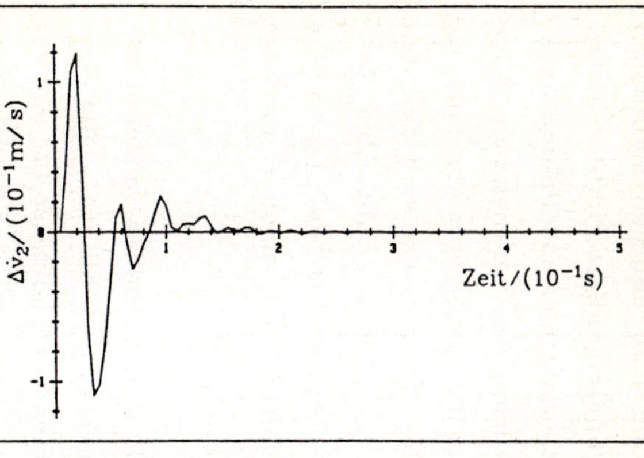

Bild 5.10c: Zeitliche Ableitung der Verformung des Unterarmes in Umfangsrichtung

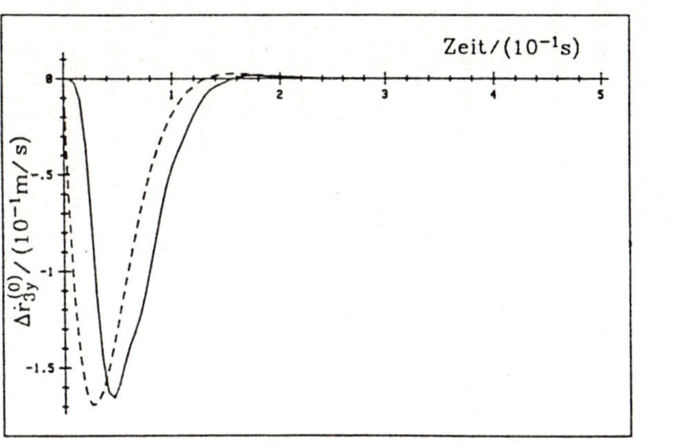

Bild 5.10b: Geschwindigkeit der Endmasse in y_0–Richtung

Zeitantworten mit vollständiger AVR

Bilder 5.10: Sprung auf den Winkelsollwert φ_{0ref} der Hochachsregelung
——— Istantworten
– – – Sollantworten

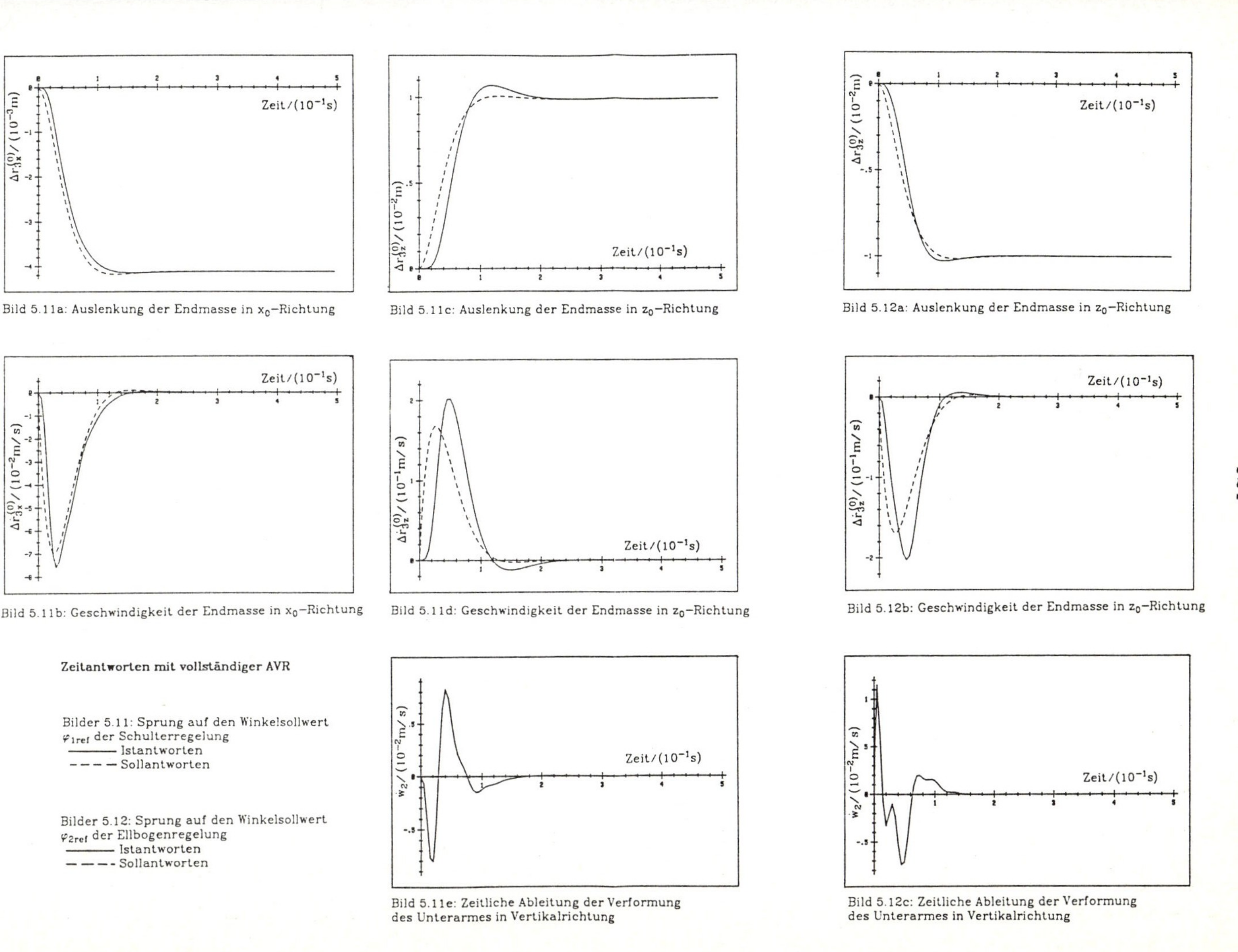

Bild 5.11a: Auslenkung der Endmasse in x_0–Richtung

Bild 5.11c: Auslenkung der Endmasse in z_0–Richtung

Bild 5.12a: Auslenkung der Endmasse in z_0–Richtung

Bild 5.11b: Geschwindigkeit der Endmasse in x_0–Richtung

Bild 5.11d: Geschwindigkeit der Endmasse in z_0–Richtung

Bild 5.12b: Geschwindigkeit der Endmasse in z_0–Richtung

Zeitantworten mit vollständiger AVR

Bilder 5.11: Sprung auf den Winkelsollwert φ_{1ref} der Schulterregelung
——— Istantworten
- - - - Sollantworten

Bilder 5.12: Sprung auf den Winkelsollwert φ_{2ref} der Ellbogenregelung
——— Istantworten
- - - - Sollantworten

Bild 5.11e: Zeitliche Ableitung der Verformung des Unterarmes in Vertikalrichtung

Bild 5.12c: Zeitliche Ableitung der Verformung des Unterarmes in Vertikalrichtung

bemerkt wurde und hier zu erkennen ist, hat die Kopplung sogar bei harter Sprunganregung an den Achswinkelsollwerten der Regelkreise einen relativ schwachen Einfluß auf das Bewegungsverhalten in der Vertikalebene, so daß keine weiteren Maßnahmen zur Elimination von Kopplungseffekten notwendig sind.

5.4.2.3 Optimierung der Führungsgrößenaufschaltung

Nach Optimierung des transienten Bewegungsverhaltens im vorangehenden Abschnitt sind zuletzt die stationären Fehler, die mit noch fehlender Aufschaltung aller vorhandenen Führungsgrößen bei Vorgabe bestimmter inertialer Sollbahnen für die Endmasse auftreten, zu eliminieren. Dies geschieht durch die Optimierung der freien Aufschaltverstärkungen $k_{rj\Omega}$ und $k_{rj\alpha}$ aus (5.4a) für eine bestimmte Klasse antriebsseitiger Führungssignale (Winkel, Winkelgeschwindigkeit und Winkelbeschleunigung) an den einzelnen Achsen, die die wichtigsten real auftretenden Verläufe abdeckt (vgl. Abschnitt 5.2.1). Zur betrachteten Klasse zählen die jeweils zueinander passenden antriebsseitigen Signalverläufe

1. sprungförmige Winkelgeschwindigkeiten Ω_{jref} und rampenförmige Winkel φ_{jref} sowie

2. sprungförmige Winkelbeschleunigungen α_{jref}, rampenförmige Winkelgeschwindigkeiten Ω_{jref} und parabelförmige Winkelverläufe φ_{jref},

mit denen lineare und konstant gekrümmte Sollwinkelzeitverläufe erfaßt werden. Durch Aufschalten der Ableitungen "Sollwinkelgeschwindigkeiten und -beschleunigungen" wird auf den zu den Sollwinkelverläufen gehörigen inertialen Sollbahnen, die sich aus der Kinematik durch Vorwärtstransformation berechnen, in der Umgebung des betrachteten Betriebspunktes ein stationär genaues Folgeverhalten der Endmasse sichergestellt. Für nicht konstant gekrümmte Winkelzeitverläufe höheren Grades ist dagegen, um ein stationär genaues Bahnfolgeverhalten zu erreichen, neben den Geschwindigkeiten und Beschleunigungen die Aufschaltung weiterer zeitlicher Ableitungen erforderlich, was in der Realisierung einen zunehmenden numerischen Aufwand (Aufrauhung der Verläufe durch Differentiation) und Rechenzeitbedarf bei der Bahnrücktransformation bedeutet. In vielen Fällen liefert jedoch schon die alleinige Verwendung der ersten beiden Ableitungen auch für allgemeinere Sollverläufe gute Ergebnisse, so daß dieser Fall zur Darstellung der prinzipiellen Vorgehensweise und Verbesserung des Bewegungsverhaltens durch die Führungsgrößenaufschaltung im weiteren betrachtet wird. Da die Optimierung der Aufschaltung mit Hilfe eines linearisierten Streckenmodells erfolgt, ist die Forderung nach stationärer Genauigkeit streng nur in dem für die Linearisierung betrachteten Betriebspunkt erfüllt. Die Veränderung des stationären Verhaltens mit sich ändernden Betriebspunkten und Möglichkeiten, dem entgegenzuwirken, wird an späterer Stelle angesprochen.

Zur Ermittlung der Aufschaltverstärkungen für die oben genannten antriebsseitigen Führungssignale dient wieder das in Abschnitt 5.3 beschriebene Entwurfsverfahren. Die optimalen Verstärkungen ergeben sich automatisch durch Minimieren der mittleren Amplituden der inertialen Lagefehler $s_{3x}..s_{3z}$ der Endmasse aus (5.5e). Dabei werden entsprechend den oben aufgeführten Sollsignalverläufen in zwei Stufen

1. zunächst die Verstärkungen $k_{rj\Omega}$ für die Aufschaltung sprungförmiger Sollwinkelgeschwindigkeiten (rampenförmiger Sollwinkel) und

2. anschließend die Aufschaltverstärkungen $k_{rj\alpha}$ für sprungförmige Winkelbeschleunigungen (rampenförmige Winkelgeschwindigkeiten und parabelförmige Winkel) an den Sollwerten der Achsregelkreise

optimiert. In der zweiten Stufe bleibt der zuvor ermittelte Wert $k_{rj\Omega}$ für sprungförmige Sollwinkelgeschwindigkeiten erhalten. Bei Umschalten von rampen- auf parabelförmige Sollwinkelverläufe wird die Führungsgrößenaufschaltung damit nur um das Beschleunigungssignal erweitert; eine Veränderung der Verstärkungen findet nicht statt.
Voraussetzung für die Minimierung der stationären Lagefehler der Endmasse ist eine bereits stationär genaue Sollantwort $\Delta r_{3ref}^{(0)}$ im Ausgangsvektor der Gewichtungsmodelle (5.5d). Diese wird mit Hilfe der Aufschaltverstärkungen der Gewichtungsmodelle in (5.5c) sichergestellt, die in Stufe 1 mit $k_{wj\Omega}=2d_{wj}\omega_{wj}$, $k_{wj\alpha}=0$ und in Stufe 2 mit $k_{wj\Omega}=2d_{wj}\omega_{wj}$, $k_{wj\alpha}=1$ zu besetzen sind, wie sich leicht für rampen- und parabelförmige Sollwinkelverläufe mit dem Endwertsatz der Laplace-Transformation berechnen läßt. Die Zahlenwerte für die Dämpfung d_{wj} und ungedämpfte Eigenkreisfrequenz ω_{wj} findet man in

Tabelle 5.2 unter Bewertung.

Zur exakten Generierung der Sollsignalzeitverläufe aus Dirac-Impulsen gemäß (5.3e) in Abschnitt 5.2.1 wären grenzstabile Anregungsmodelle in Form von Doppel- und Dreifachintegratoren anzusetzen. Die verwendete Software-Implementierung des "Instrumentellen Entwurfsverfahrens" verlangt, da die Optimierungszielgrößen für die mittleren Amplituden mit Hilfe der algebraischen Lyapunov-Gleichung ausgewertet werden, vom geregelten Gesamtsystem (5.7d) asymtotische Stabilität, die mit Integratoreigenwerten im Anregungsteil nicht erfüllt ist. Aus diesem Grund werden, wie schon in Abschnitt 5.2.1 beschrieben, sog. "pseudo"-grenzstabile Eigenwerte eingeführt und in den Führungsanregungsmodellen (5.3d) durch eine geeignete Wahl der Parameter d_r, ω_r und T_r realisiert. Es ist dabei völlig ausreichend die entsprechenden "pseudo"-grenzstabilen Eigenwerte (Realteil,Imaginärteil→0) im Vergleich zu den für die Schwenkbewegungen relevanten Eigenwerten einige Größenordnungen langsamer vorzugeben. Tabelle 5.3 gibt diese Eigenwerte für die Anregungsmodelle an, die je nach der gerade behandelten Stufe der Optimierung der Führungsgrößenaufschaltung die Eigenwerte für Sprunganregung in Tabelle 5.2 ersetzen. Aufgrund der Struktur der Anregungskopplung (einseitige Kopplung) sind die Eigenwerte des Gesamtsystems von der Optimierung der Aufschaltung nicht betroffen und bleiben unverändert.

Real-/Imaginärteil	Kreisfrequenz	Dämpfung	Zuordnung
Führungsanregung			
-1000 $-0.009 \pm j\,0.4358\;10^{-2}$	0.01	0.9	rampenförmig (×3) für jede Achse
-0.001 $-0.009 \pm j\,0.4358\;10^{-2}$	0.01	0.9	parabelförmig (×3) für jede Achse

Tabelle 5.3: Eigenwerte der Führungsanregung für näherungsweise rampen- und parabelförmige Sollwinkelzeitverläufe

Obwohl man mit dem "pseudo"-grenzstabilen Ansatz der Anregungsmodelle

"nur" näherungsweise rampen- und parabelförmige Sollwinkelzeitverläufe erzeugt, ergeben sich in der Optimierung praktisch dieselben Aufschaltverstärkungen wie für den exakten grenzstabilen Fall. In den Zeitantworten der Lagefehler $s_{3x}..s_{3z}$ der Endmasse verbleiben nach Abklingen der restlichen schnellen Eigenbewegungen durch die mit Abstand langsamer gewählten "pseudo"-grenzstabilen Eigenwerte nur langsam abklingende ("pseudo"-stationäre) Anteile, die in den mittleren Amplituden der Lagefehler den überwiegenden Beitrag liefern. Dieser Beitrag wird in der Optimierung minimal durch die Minimierung der zu "pseudo"-grenzstabilen Eigenwerten gehörigen Residuen in den Lagefehlern, die von den freien Aufschaltverstärkungen abhängen. Im betrachteten Fall rampen- und parabelförmiger Sollwinkelverläufe mit Geschwindigkeits- und Beschleunigungsaufschaltung erhält man für das vorliegende System im Grenzfall, für exakt grenzstabile Anregungseigenwerte, Residuen und stationäre Fehleranteile identisch Null. Die zugehörigen Anregungszustände sind dann in den Lagefehlern nicht mehr beobachtbar (vgl. Abschnitt 5.2.4.1), was gleichbedeutend mit einer stationär genauen Bewegung der Endmasse auf der durch die Anregungszustände vorgegebenen Sollbahn ist. Mit der beschriebenen Näherung durch "pseudo"-grenzstabile Eigenwerte sind Residuen und stationäre Lagefehler exakt Null nicht möglich. Die erreichten, betragsmäßig sehr kleinen Endwerte sind aber praktisch als Null anzusehen. Eine genaue Beschreibung der zugrundeliegenden Theorie der Kompensation grenzstabiler und instabiler Anregungsmodelle findet man in /Lückel u.a. 1985, Kasper 1985/.
Tabelle D4b enthält die auf die oben beschriebene Weise ermittelten Aufschaltverstärkungen für alle drei Achsen.

Die Wirkung der optimierten Führungsgrößenaufschaltung wird am Beispiel der in Bildern 5.13 gestrichelt dargestellten quadratischen Sollbahn für die Endmasse mit 3 cm Diagonalenlänge in der y_0,z_0-Ebene des Inertialsystems verdeutlicht. Die Bahn beginnt in der stationären Ruhelage der Endmasse (Bild 5.2), die der Ursprung eines für die Darstellung der Bahn zum Inertialsystem parallelverschobenen Relativkoordinatensystems ist. Wie man den zugehörigen Sollzeitverläufen für die y_0,z_0-Ebene aus Bildern 5.14 entnimmt, ist die Bahn in einer Zeit von 1.2 s zu durchlaufen, was bis auf kurze

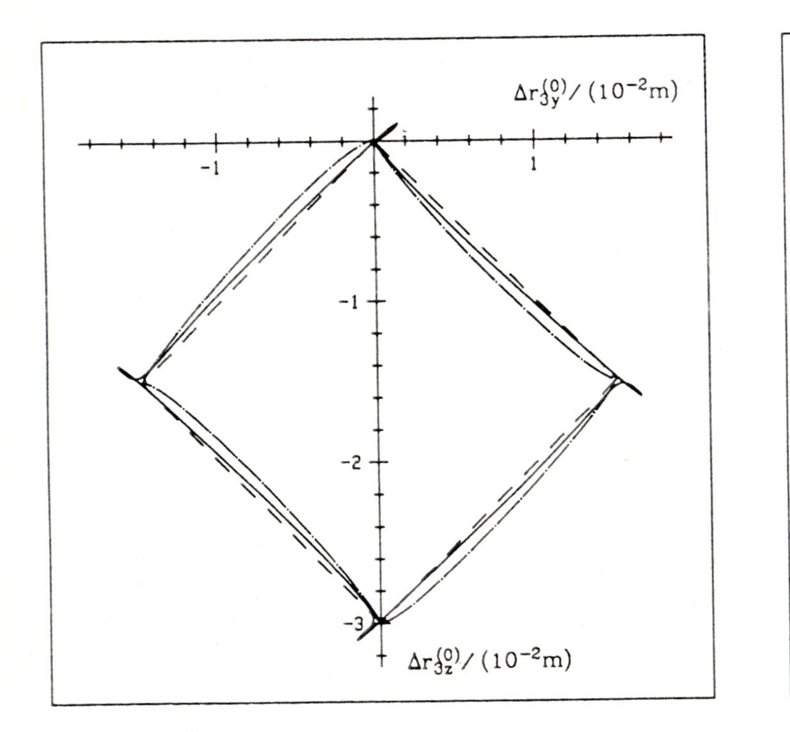

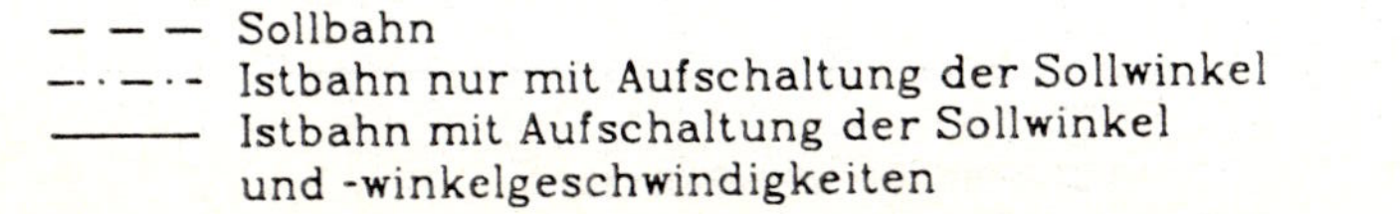

Bild 5.13a: Bahnfolgeverhalten mit vollständiger AVR für quadratische Solltrajektorie

— — — Sollbahn
—·—·- Istbahn nur mit Aufschaltung der Sollwinkel
——— Istbahn mit Aufschaltung der Sollwinkel und -winkelgeschwindigkeiten

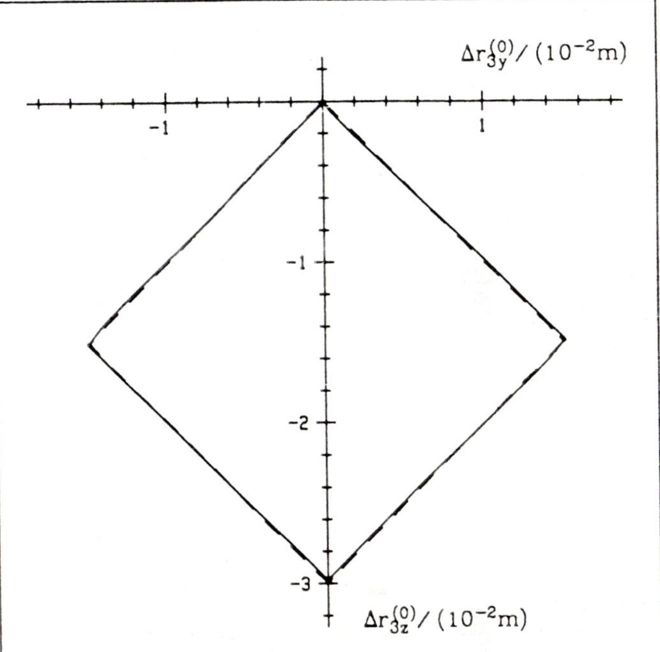

Bild 5.13b: Bahnfolgeverhalten mit vollständiger AVR für quadratische Solltrajektorie

— — — Sollbahn
——— Istbahn mit Aufschaltung der Sollwinkel, Sollwinkelgeschwindigkeiten und -winkelbeschleunigungen

Zeitverläufe zu Bild 5.13a

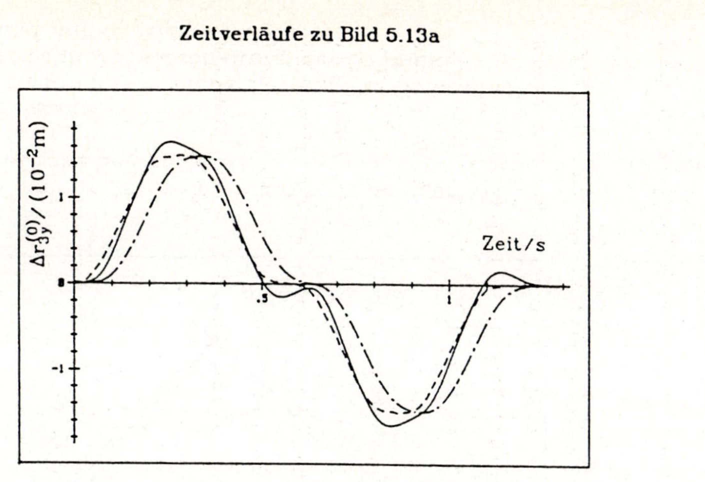

Bild 5.14a: Soll- und Istverhalten in y_0-Richtung

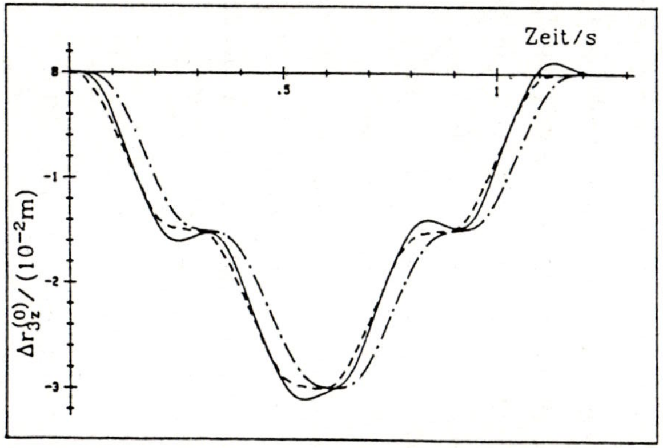

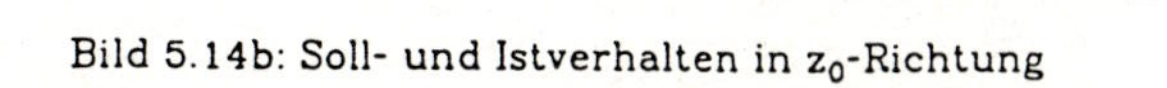

Bild 5.14b: Soll- und Istverhalten in z_0-Richtung

Zeitverläufe zu Bild 5.13b

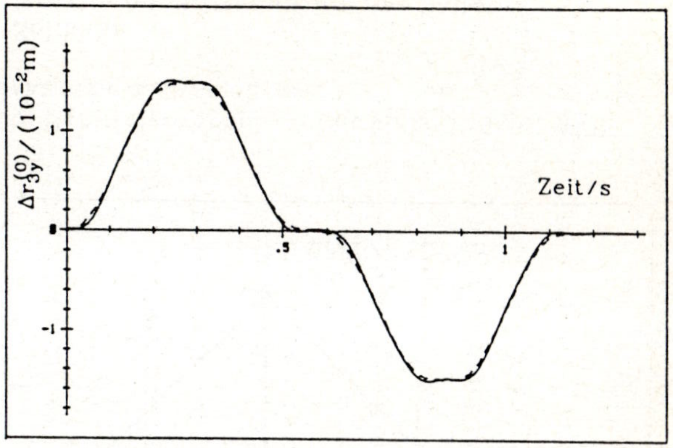

Bild 5.14c: Soll- und Istverhalten in y_0-Richtung

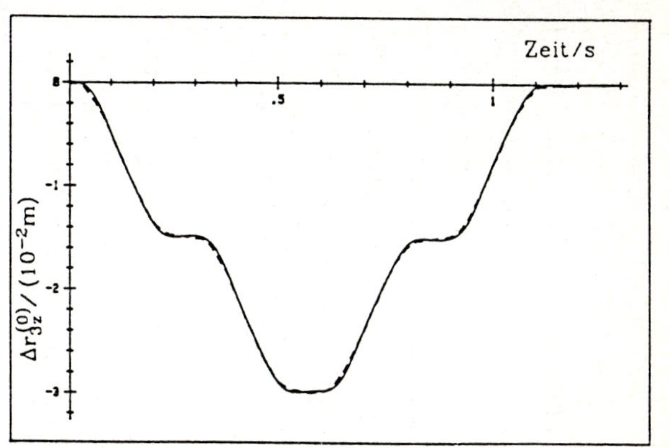

Bild 5.14d: Soll- und Istverhalten in z_0-Richtung

Unterbrechungen nur mit fast andauerden Beschleunigungs- und Verzögerungsphasen möglich ist. Um zu starke Stöße zu vermeiden, hat die Beschleunigung für jedes Geradenstück der vorgegebenen inertialen Bahn einen symmetrischen, stückweise rampenförmigen Zeitverlauf mit maximalen Werten von 2 m/s^2. In den mittleren Geradenabschnitten wird jeweils eine maximale Geschwindigkeit von 0.13 m/s erreicht, in den Eckpunkten ist die Sollgeschwindigkeit identisch Null. Nach Rücktransformation des inertialen Sollbahnverlaufes auf die zugehörigen antriebsseitigen Winkelsollverläufe der einzelnen Achsen, sind die ***Winkelbeschleunigungen*** über der Zeit ebenfalls ***rampenförmig***.

Zusammen mit den Sollverläufen für die Endmasse sind in Bildern 5.13 und 5.14 die mit dem nichtlinearen Streckenmodell und vollständiger AVR simulierten Istverläufe für die drei Fälle

- alleinige Aufschaltung der antriebsseitigen Sollwinkelzeitverläufe,
- Aufschaltung der Sollwinkel und -winkelgeschwindigkeiten,
- komplette Aufschaltung der Sollwinkel, -winkelgeschwindigkeiten und -winkelbeschleunigungen

dargestellt. Mit zunehmender Zahl von Aufschaltgrößen ist deutlich die Verbesserung des Folgeverhaltens der Endmasse zu erkennen, wobei besonders die Beschleunigungsaufschaltung eine starke Bindung des Istverhaltens an das Sollverhalten zeigt. Die verbleibenden Bahnfehler vor allem in den Eckpunkten der Bahn sind auf die Eigendynamik des geregelten Systems und die rampenförmigen Zeitverläufe der Sollbeschleunigungen zurückzuführen. Obwohl die Führungsgrößenaufschaltung für stationäre Bahngenauigkeit der Endmasse für maximal sprungförmige Sollbeschleunigungen an den einzelnen Achsen optimiert wurde, lassen Bilder 5.13 und 5.14 auch für rampenförmige Sollbeschleunigungen noch ein sehr gutes Folgeverhalten ohne nenneswerte Bahnfehler erkennen.

5.4.3 Reduzierte Ausgangsvektorrückführung

Wie in Abschnitt 5.4 beschrieben, entsteht die reduzierte AVR durch nullsetzen der Verstärkungen $k_{cx02}=k_{c0v2}=0$ und $\mathbf{k}_{c1x2}^T=\mathbf{k}_{c2x1}^T=\mathbf{0}^T$, $\mathbf{k}_{c1u2}^T=\mathbf{k}_{c2u1}^T=\mathbf{0}^T$.

Für die resultierende "dezentrale" Rückführstruktur mit nur 12 Verstärkungen und 3 Teilbeobachterzeitkonstanten (im Gegensatz zu 18 Verstärkungen und 6 Zeitkonstanten bei der vollständigen AVR) wurden die erste und zweite Optimierungsphase in gleicher Weise wie für die vollständige AVR (Abschnitt 5.4.2.1 und 5.4.2.2) durchlaufen. Wegen des weitgehend gleichen Verlaufs der Optimierung wird auf eine ausführliche Beschreibung verzichtet. Im folgenden werden nur die Punkte zunächst für die Umfangsrichtung, dann für die Vertikalebene herausgestellt, durch die sich die Regelungen mit reduzierter und vollständiger AVR unterscheiden und die letztlich die reduzierte AVR weniger geeignet erscheinen lassen.

Bild 5.15a zeigt die Verschiebung der Eigenwerte des geschlossenen Regelkreises beim Entwurf der reduzierten AVR für die *Umfangsrichtung*. Zusätzlich sind zum Vergleich die Endpositionen der Eigenwerte der vollständigen AVR eingetragen. Man erkennt, daß sich Eigenwert #3 bei Verwendung der reduzierten AVR zwar wesentlich besser, Eigenwert #2 dafür gar nicht dämpfen läßt, was auf die unzureichende Information über die zugehörige Eigenform (kleine Residuen) in den verbleibenden Rückführgrößen zurückzuführen ist. In der Geschwindigkeitszeitantwort der Endmasse (Bild 5.15b) für einen Sprung auf den Winkelsollwert der Hochachsregelung gemäß (5.8) ist der Anteil durch Eigenwert #2 im Gegensatz zu Bild 5.10b deutlich sichtbar. Da später im realen System mit Störungen durch Antriebsnichtlinearitäten und Ungleichförmigkeiten in den Getrieben, die diesen zu schwach gedämpften Eigenwert permanent anregen, gerechnet werden muß, ist die reduzierte Rückführvariante für die Regelung des Systems in Umfangsrichtung ungeeignet und wird daher nicht weiter diskutiert.

Die für die *vertikale Bewegungsebene* optimierte reduzierte AVR vermittelt zwar der Grundschwingung (Eigenwert #1) eine etwas geringe Dämpfung als die vollständige Rückführung (Bild 5.15c), zeigt aber ansonsten keine gravierenden Nachteile. Bild 5.15d enthält eine Gegenüberstellung der mittleren Amplituden der interessierenden Zielgrößen (vgl. Bilder 5.9) für die reduzierte und vollständige AVR am Ende der zweiten Phase der Optimierung. Neben einem relativen Vergleich für jede einzelne Größe in Form von Balkendiagrammen, sind in den Balken die Zahlenwerte der mittleren Amplituden

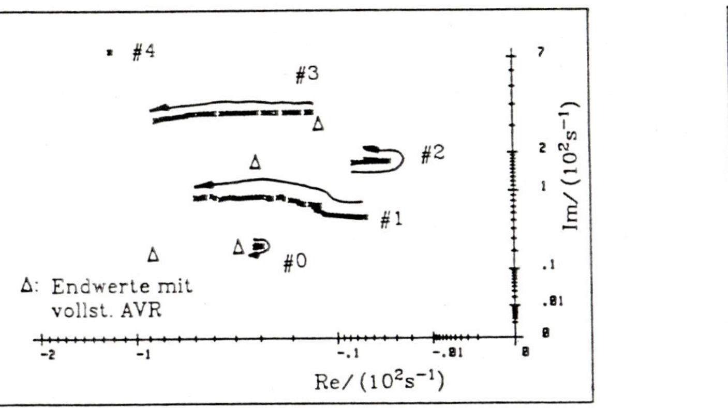

Bild 5.15a: Wanderung der Eigenwerte des geschlossenen Regelkreises (Umfangsrichtung)

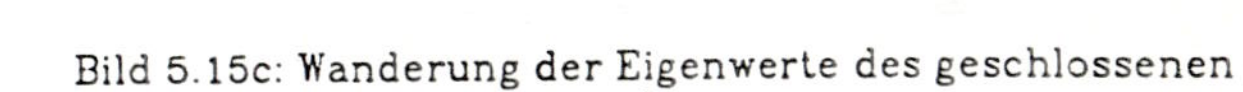

Bild 5.15c: Wanderung der Eigenwerte des geschlossenen Regelkreises (Vertikalebene)

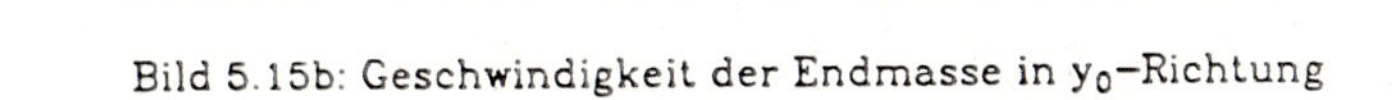

Bild 5.15b: Geschwindigkeit der Endmasse in y_0–Richtung

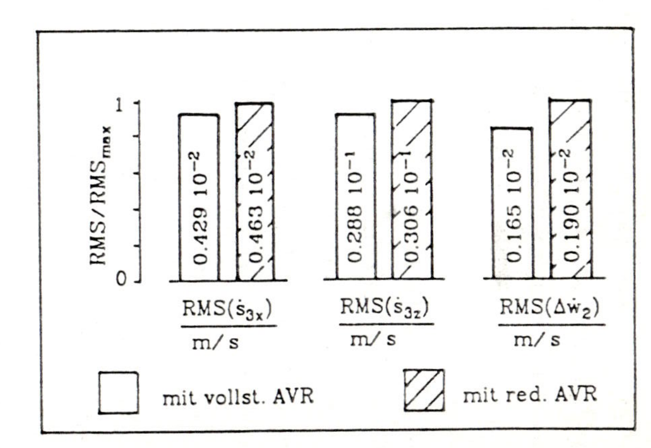

Bild 5.15d: Mittlere Amplituden der interessierenden Zielgrößen am Ende der zweiten Optimierungsphase

angegeben. Die mittleren Amplituden der Stellgrößen sind mit $RMS(u_{M1})=2.3$ V und $RMS(u_{M2})=2.45$ V für beide Regelungen gleich groß und daher nicht dargestellt. Alle angegebenen Zahlenwerte gelten für mittlere Amplituden der antriebsseitigen Sollwinkel $RMS(\varphi_{j\,ref})=16$ rad, was für die Auslenkung der Endmasse Werte in der Größenordnung von 0.1 m ergibt. Mit mittleren Amplituden um 2.5 V ist die für den Entwurf vorgegebene Grenze für die Stellgrößen von einem Viertel der Maximalwerte erreicht. Die Verbesserung durch die vollständige AVR ist mit maximal 14% für die mittlere Amplitude von $\Delta\dot{w}_2$ nicht mehr sehr groß, so daß praktisch beide Reglerversionen für die spätere Realisierung in Frage kommen könnten. Da jedoch mit den vorhandenen Realisierungswerkzeugen (siehe nächster Abschnitt) kein zusätzlicher Aufwand entsteht, wird wie für die Umfangsrichtung auch für die Vertikalebene die vollständige AVR vorgezogen.

6. Reglerrealisierung, Erprobung im Versuch und vergleichende Simulation

6.1 Hardware und Realisierungsschritte

Zur Realisierung der in Abschnitt 5.4.2 entworfenen linearen Mehrgrößenregelung und zu ihrer Erprobung im Laborversuch wird die in Bild 6.1 angegebene Hardware verwendet, die sich entsprechend den gestellten Anforderungen an die Rechengeschwindigkeiten in drei Ebenen unterteilt.

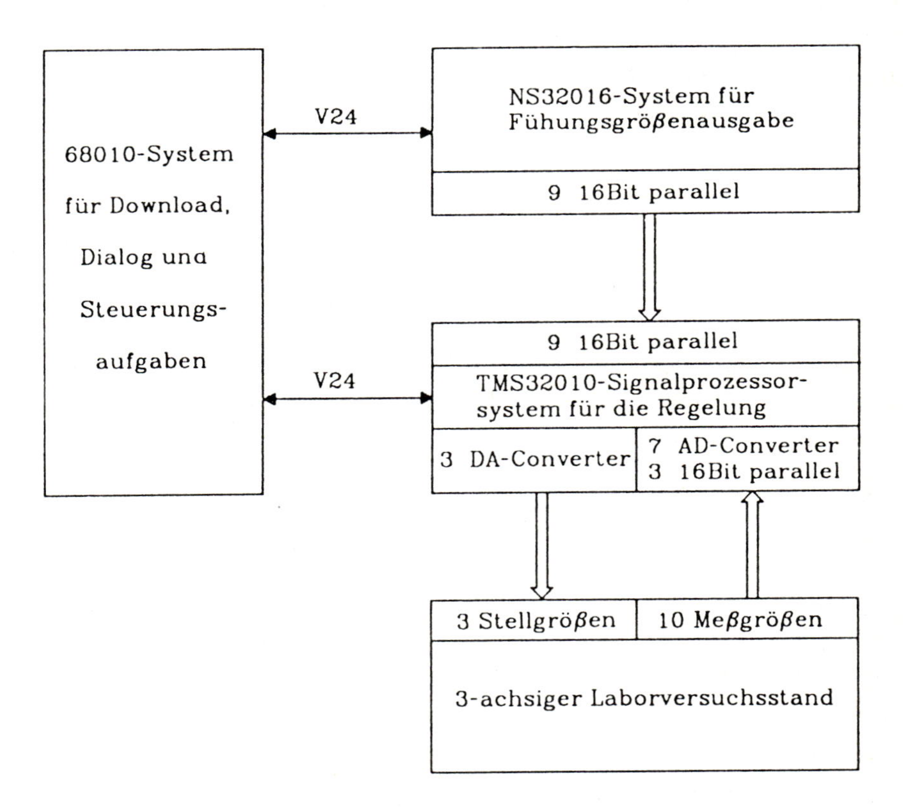

Bild 6.1: Hardware zur Realisierung der entworfenen Mehrgrößenregelung

Auf der untersten, ***schnellsten Hardware-Ebene*** befindet sich die ***Regelung***

(Führungsgrößenaufschaltung und vollständige AVR), die auf einem TMS32010-Signalprozessorsystem implementiert ist. Signalprozessoren weisen gegenüber Mikroprozessoren und Mikrokontrollern aufgrund ihrer speziellen, auf Skalarproduktrechnung ausgelegten Architektur deutliche Geschwindigkeitsvorteile auf (etwa eine Größenordnung schneller) /Hanselmann 1987/. Jedoch ist die Programmierung dieser speziellen Prozessoren, wegen ihrer Beschränkung auf Fixpunkt-Arithmetik (bis auf neuerdings wenige Ausnahmen wie der von NEC entwickelte μPD77230 und der von TI angekündigte TMS32030) und der fast ausschließlichen Programmierbarkeit in Assembler wesentlich aufwendiger. Durch die Verwendung zur Verfügung stehender Softwarewerkzeuge /Hanselmann 1986/ werden die vorbereitenden Schritte für die Reglerrealisierung und die Code-Generierung für den verwendeten Zielprozessor (hier der TMS32010) jedoch weitgehend automatisiert.

Zu obigen Vorbereitungsschritten zählen im einzelnen:

- Die Diskretisierung des analog entworfenen Reglers für die später realisierte Abtastzeit, für die verschiedene Methoden zur Auswahl stehen /Hanselmann 1984/. Wegen ihrer guten Eigenschaften wurde die rampeninvariante Diskretisierung gewählt.

- Die Transformation des Reglers auf eine für die Realisierung günstige Struktur (hier Modalform).

- Die Skalierung der im Reglerentwurf verwendeten Ein- und Ausgangsgrößen auf den Zahlenbereich des verwendeten Prozessors (hier ±1 für fractional Zahlen). Dabei werden mit den Verstärkungen der AD- bzw. DA-Converter (±10 V→±1 bzw. ±1→±10 V) und Parallel-Schnittstellen (±32768→±1) die Ein- und Ausgangsgrößen des Regelgesetzes in die Form gebracht, wie sie vom Prozessor von den ADC und Paralleleingängen eingelesen und an die DAC ausgegeben werden.

- Eine Skalierung der Reglerkoeffizienten und -zustände für Fixpunkt-arithmetik.

- Falls erforderlich, die nichtlineare Simulation des digitalen Reglers im geschlossenen Kreis zur Überprüfung von Effekten durch AD-/DA-Quantisierung der Ein- und Ausgangssignale des Reglers, Prozessor-arithmetik, Overflow, nicht gleichzeitiges Abtasten der Reglereingangssignale und durch Zeitverzögerungen zwischen den Ein- und Ausgangssignalen (Rechentotzeit).

Im Anschluß an diese Vorbereitungsschritte erfolgt die automatische Generierung des Prozessorcodes /Hanselmann u.a. 1987b/ für den TMS32010. Danach kann der Regler per Download auf das Zielsystem gebracht werden. Die realisierte Abtastfrequenz für die vollständige AVR mit Führungsgrößenaufschaltung mit 19 Eingängen, 3 Ausgängen und der Ordnung 6 beträgt 10 kHz. Aufgrund einer hardwarebedingten Aufteilung des Reglers für die Umfangs- und Vertikalrichtung auf zwei Signalprozessorsysteme (die Anzahl der Eingänge eines Systems ist auf 16 begrenzt) wären Abtastraten von 15 kHz (Vertikalrichtung) und 29 kHz (Umfangsrichtung) möglich, sind aber nicht erforderlich. Mit 10 kHz liegt die Abtastfrequenz schon genügend weit über den höchsten Eigenfrequenzen (in Hz) des geregelten Systems (vgl. Tabelle 5.2).

Auf der nächsten in Bild 6.1 dargestellten *mittelschnellen Ebene* stellt ein NS32016-Mikrorechnersystem die antriebsseitigen Sollwinkel-, -winkelgeschwindigkeiten und -winkelbeschleunigungen der drei Achsen als 16-Bit Digitalwerte für die *Aufschaltung* auf die Führungseingänge der Regelprozessoren zur Verfügung. Die Ausgabe der Sollwerte für eine bestimmte Bahn der Endmasse im Raum geschieht für äquidistante Bahnabschnitte, d.h. vorgegebene Genauigkeit, mit variabler, von der Bahngeschwindigkeit abhängiger Frequenz, die durch die begrenzte Geschwindigkeit des NS32016 maximal 1 kHz beträgt.

Den Systemen für die Regelung und Sollwertausgabe ist auf ***höchster Ebene*** mit weniger hohen Geschwindigkeitsanforderungen ein MC68010-System übergeordnet, das den *Download* von Programmen und Daten, den *Dialog* mit den Systemen sowie *Steuer- und Überwachungsfunktionen* übernimmt. Auf dieser Ebene erfolgt ebenfalls off-line die Bahnplanung und Rücktransformation von Bahnen auf die Gelenkgrößen Sollwinkel, -winkelgeschwindigkeiten und -winkelbeschleunigungen.

6.2 Erprobung im Versuch und vergleichende Simulation

Nach der Implementierung der Regelung im Versuch ist man nun in der Lage, verschiedene Bahnen mit dem realen System zu durchfahren und die durch den Entwurf der vollständigen AVR gegenüber der konventionellen Regelung erzielte Verbesserung des Bewegungsverhaltens auch in der Wirklichkeit zu überprüfen. Im parallelen Vergleich mit Ergebnissen aus der nichtlinearen Simulation wird zum einen der erzielte Übereinstimmungsgrad von Rechnung und Messung deutlich und kann auf Ursachen von Bahnabweichungen geschlossen werden. Um vergleichbare Verhältnisse zu schaffen, sind die konventionelle Regelung und vollständige AVR in der Realisierung und Simulation mit kompletter Aufschaltung aller Führungsgrößen (Sollwinkel, -winkelgeschwindigkeit und -winkelbeschleunigung der Achsantriebe) versehen. Der Gewinn an Bahngenauigkeit durch die Führungsgrößenaufschaltung wurde bereits in Abschnitt 5.4.2.3 gezeigt und wird hier nicht mehr betrachtet. Mehr im Vordergrund steht die Bedeutung der Schwingungsdämpfung durch die vollständige AVR nicht nur bei Sprunganregung (vgl. Abschnitt 5.4.2.2) sondern auch für ein gutes Folgeverhalten der Endmasse auf "schnellen", d.h. in kurzer Zeit zu durchfahrenden Sollbahnen und der Nachweis der Realisierbarkeit des Regelungskonzeptes.

6.2.1 Systemverhalten in unmittelbarer Umgebung des Auslegungspunktes

Damit die mit konventioneller Regelung um eine vorgegebene Sollbahn auftretenden elastischen Schwingungen (im Millimeterbereich) nicht in der Auflösung der Darstellung verschwinden, werden zunächst kleine Bahnen in der Umgebung der stationären Ruhelage der Endmasse aus Bild 5.2, die als Betriebspunkt für den Reglerentwurf diente, betrachtet. Die Darstellung der Soll- und Istbahnen erfolgt wieder in einem gegenüber dem Inertialsystem parallelverschobenen Relativkoordinatensystem mit Ursprung in der stationären Ruhelage der Endmasse.

Als erste Sollbahn dient das Quadrat mit 3 cm Diagonalenlänge in der y_0,z_0-Ebene aus Abschnitt 5.4.2.3. Bilder 6.2a und 6.2b zeigen die mit dem konventionell und AVR-geregelten realen System erreichten Istbahnen, die als Leuchtspur einer an der Endmasse befestigten Leuchtdiode photographisch aufgenommen wurden. Die deutliche Verbesserung des Bewegungsverhaltens des elastischen Systems mit vollständiger AVR ist unverkennbar. Durch die schnelle Sollbewegung angeregte, mit konventioneller Regelung nur langsam abklingende Strukturschwingungen in Bild 6.2a werden durch die vollständige AVR fast vollständig ausgeregelt (Bild 6.2b). Bei genauerer Betrachtung fällt jedoch neben einer Ausrundung der Eckpunkte der quadratischen Istbahn eine Verdrehung der Diagonalen aus der horizontalen bzw. vertikalen Lage auf. Der gleiche Effekt läßt sich im Ergebnis aus der nichtlinearen Simulation in Bild 6.2d beobachten, wenn die im realen System vorhandenen Coulombschen Antriebsreibmomente mit konstanter und lastabhängiger Charakteristik (vgl. Abschnitt 3.1) im Streckenmodell enthalten sind. Das Simulationsergebnis ohne Berücksichtigung der Reibmomente (Bild 6.2e) zeigt dagegen im Vergleich keine nennenswerten Abweichungen von der gestrichelten Sollbahn, was auf die Bedeutung der in Abschnitt 3.2 beschriebenen Reibmomentenkompensation für ein optimales Folgeverhalten hinweist. Die Realisierung einer solchen Kompensation ist jedoch nicht mehr Gegenstand dieser Arbeit. Dazu sei wie am Ende von Abschnitt 3.2 auf /Ackermann u.a. 1986/ und /Ackermann 1988/ verwiesen.

Aus dem Vergleich der photographisch aufgenommenen realen Bahn der Endmasse und dem simulierten Bahnverlauf erklärt sich auch die unterschiedliche Kantenlänge (a>b) in Bildern 6.2a und 6.2c bei konventioneller Regelung des Systems durch die Antriebsreibmomente. Dagegen lassen Bilder 6.2b und 6.2d eine gewisse linearisierende Wirkung durch die vollständige AVR erkennen, indem der Einfluß der Reibmomente auf die Istbahn verringert

1cm
$\Delta r_{3z}^{(0)}$
$\Delta r_{3y}^{(0)}$

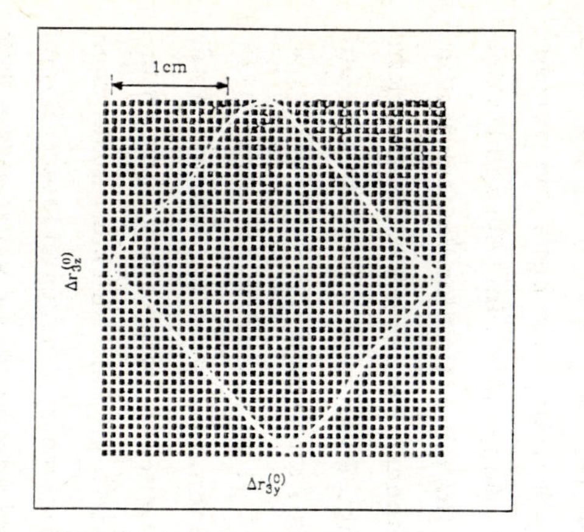

Bild 6.2a: Leuchtspurbahn für Versuchsstand mit konventioneller Regelung

1cm
$\Delta r_{3z}^{(0)}$
$\Delta r_{3y}^{(0)}$

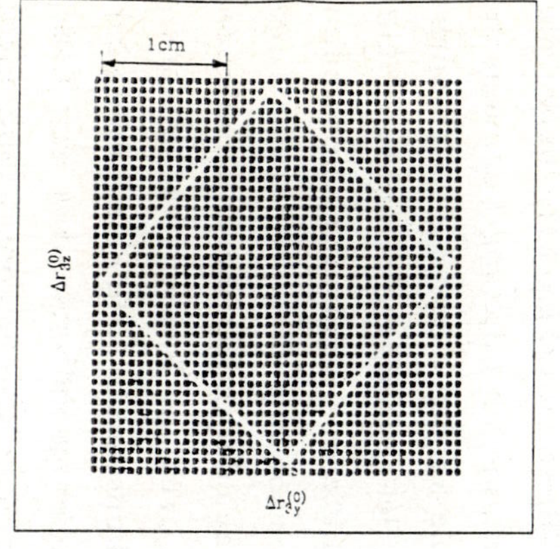

Bild 6.2b: Leuchtspurbahn für Versuchsstand mit vollständiger AVR

Bilder 6.2: Bahnfolgeverhalten für quadratische Solltrajektorie

Gegenüberstellung des realen (oben) und simulierten (unten) Folgeverhaltens. Simulationen mit und ohne Coulombsche Reibmomente in den Achsantrieben.

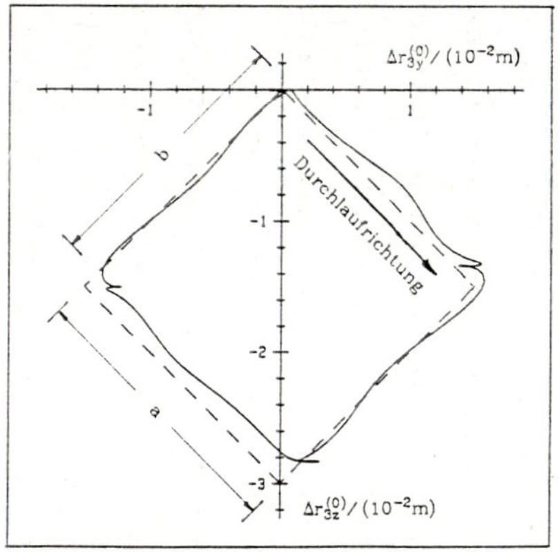

$\Delta r_{3y}^{(0)} / (10^{-2}m)$
$\Delta r_{3z}^{(0)} / (10^{-2}m)$
-1
1
-1
-2
-3
b
a
Durchlaufrichtung

Bild 6.2c: Simulation mit konventioneller Regelung, *mit* Coulombscher Reibung in den Antrieben.
- - - Sollbahn —— Istbahn

$\Delta r_{3y}^{(0)} / (10^{-2}m)$
$\Delta r_{3z}^{(0)} / (10^{-2}m)$
-1
1
-1
-2
-3

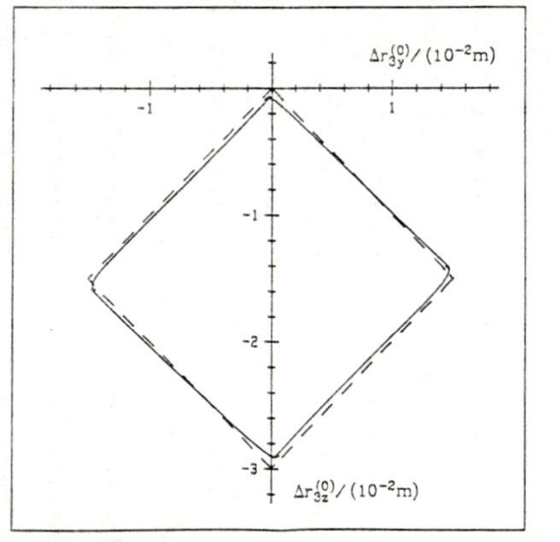

Bild 6.2d: Simulation mit vollständiger AVR, *mit* Coulombscher Reibung in den Antrieben.
- - - Sollbahn —— Istbahn

$\Delta r_{3y}^{(0)} / (10^{-2}m)$
$\Delta r_{3z}^{(0)} / (10^{-2}m)$
-1
1
-1
-2
-3

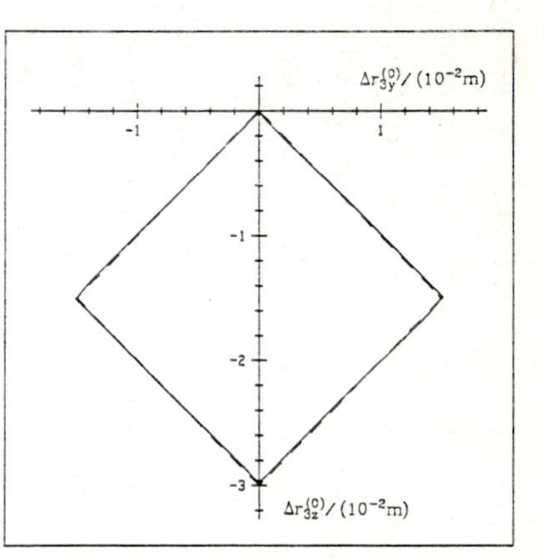

Bild 6.2e: Simulation mit vollständiger AVR, *ohne* Coulombsche Reibung in den Antrieben.
- - - Sollbahn —— Istbahn

wird. In /Luh u.a. 1983a/ wurde die Rückführung einer speziellen DMS-Drehmomentenmessung ausschließlich dazu verwendet, die Auswirkungen Coulombscher Reibung in einem Antrieb auf dessen Übertragungsverhalten zu minimieren. Bei der Rückführung der Krümmungssignale, die den Abtriebsdrehmomenten der Antriebe ensprechende Informationen enthalten, zur Schwingungsdämpfung fällt diese reibungsminimierende Wirkung automatisch ab. Bilder 6.2 geben neben guten Ergebnissen mit der vollständigen AVR in der Realisierung, die Übereinstimmung von Messung und Simulation sowie das im Idealfall mit Kompensation der Coulombschen Antriebsreibmomente erzielbare Verhalten (Bild 6.2e) wieder.
Wie in Abschnitt 5.4.2.3 beschrieben, setzen sich die Zeitverläufe der antriebsseitigen Winkelbeschleunigungen für die quadratische Sollbahn aus rampenförmigen Abschnitten zusammen. Das geregelte System mit maximal für sprungförmige Sollbeschleunigungszeitverläufe ausgelegter Führungsgrößenaufschaltung folgt bei rampenförmigen Beschleunigungen, wie in Bild 6.2e zu sehen ist, der Sollbahn praktisch noch stationär genau.

Bilder 6.3 zeigen eine aus Geraden und einem Kreisabschnitt bestehende Bahn in der y_0,z_0-Ebene. Sie wird in 1.15 s durchfahren und weist wie die quadratische Bahn entlang der natürlichen Bahnkoordinate einen stückweise symmetrischen, dreiecksförmigen Sollbeschleunigungszeitverlauf der Endmasse mit Maximalwerten von 2.5 m/s^2 und Haltephasen in den Eckpunkten auf. Nach Rücktransformation der inertialen Sollbahn auf die antriebsseitigen Sollverläufe der einzelnen Achsen treten dagegen dort stückweise gekrümmte Sollwinkelbeschleunigungen im Bereich des zu durchfahrenden Kreisabschnittes auf. Die Zeitverläufe der antriebsseitigen Sollbeschleunigungen für die Hochachse und den Ellbogen findet man in Bildern 6.4a und 6.4b. Da die Schulter nur einen sehr geringen Anteil zur Bewegung der Endmasse auf der Sollbahn beiträgt, ist der zugehörige Sollbeschleunigungsverlauf nicht angegeben. Die mit der ausgelegten Regelung ideal erreichbare Istbahn der Endmasse in Bild 6.3e zeigt auf dem Kreisabschnitt deutlich sichtbare Abweichungen von der Sollbahn, die durch die gekrümmten Beschleunigungszeitverläufe entstehen. Für ein stationär genaues Folgeverhalten der Endmasse wäre die Aufschaltung zusätzlicher Führungsgrößen in Form weiterer zeitlicher Ableitungen der antriebsseitigen

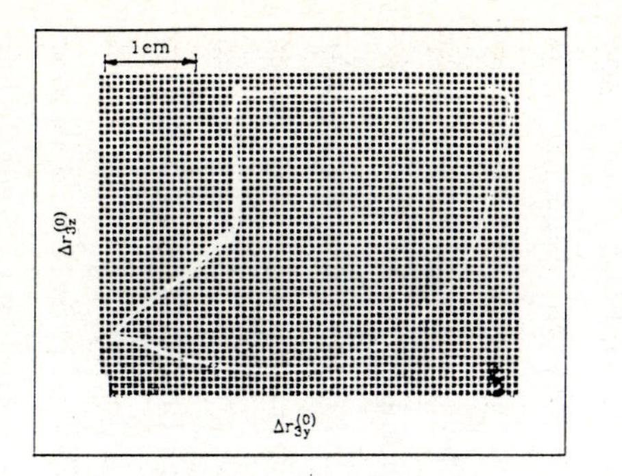

Bild 6.3a: Leuchtspurbahn für Versuchsstand mit konventioneller Regelung

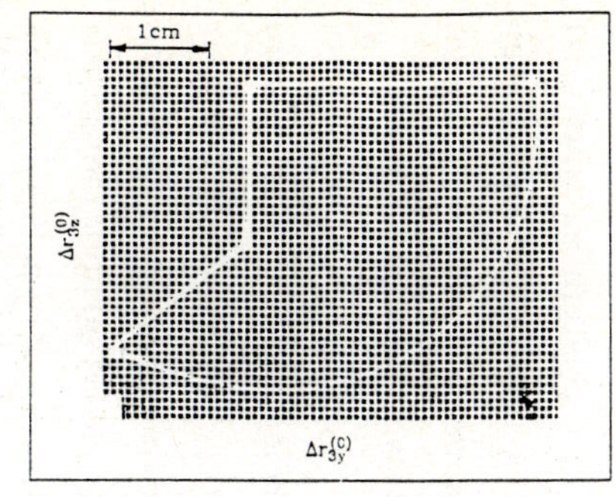

Bild 6.3b: Leuchtspurbahn für Versuchsstand mit vollständiger AVR

Bilder 6.3: Bahnfolgeverhalten für stückweise lineare und kreisförmige Solltrajektorie

Gegenüberstellung des realen (oben) und simulierten (unten) Folgeverhaltens. Simulationen mit und ohne **Coulombsche** Reibmomente in den Achsantrieben.

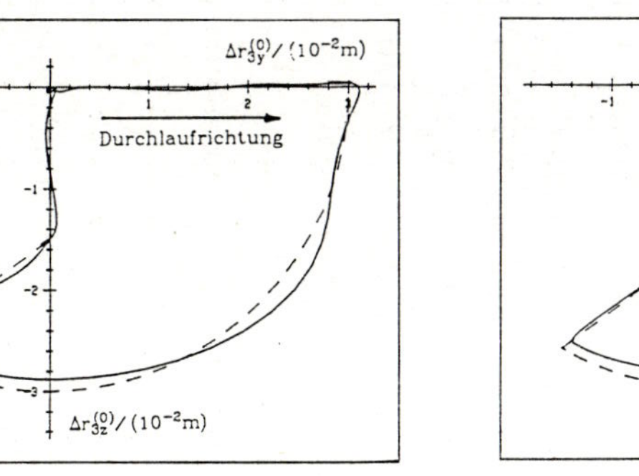

Bild 6.3c: Simulation mit konventioneller Regelung, *mit* **Coulombscher** Reibung in den Antrieben.
– – – Sollbahn ——— Istbahn

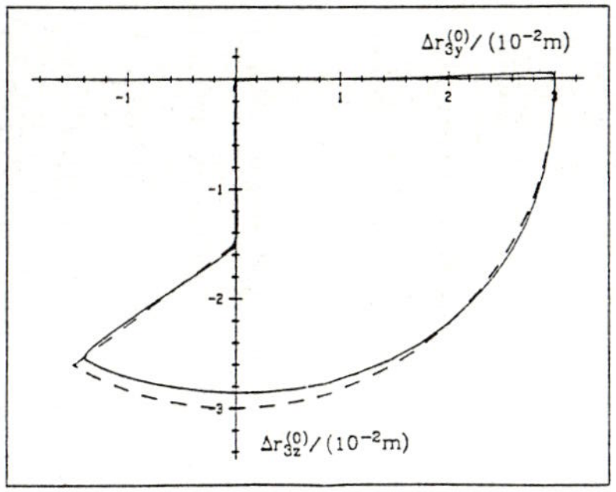

Bild 6.3d: Simulation mit vollständiger AVR, *mit* **Coulombscher** Reibung in den Antrieben.
– – – Sollbahn ——— Istbahn

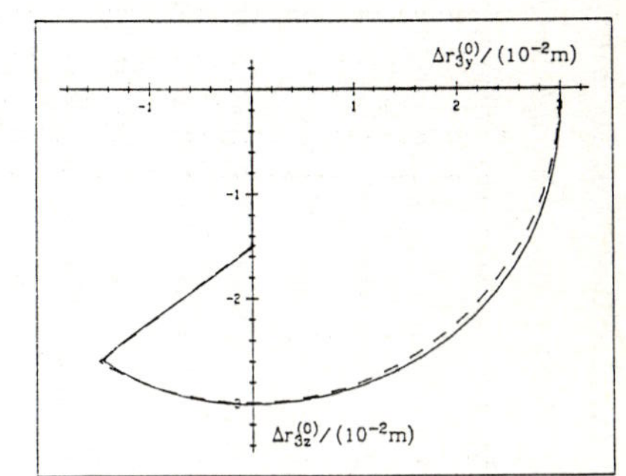

Bild 6.3e: Simulation mit vollständiger AVR, *ohne* **Coulombsche** Reibung in den Antrieben.
– – – Sollbahn ——— Istbahn

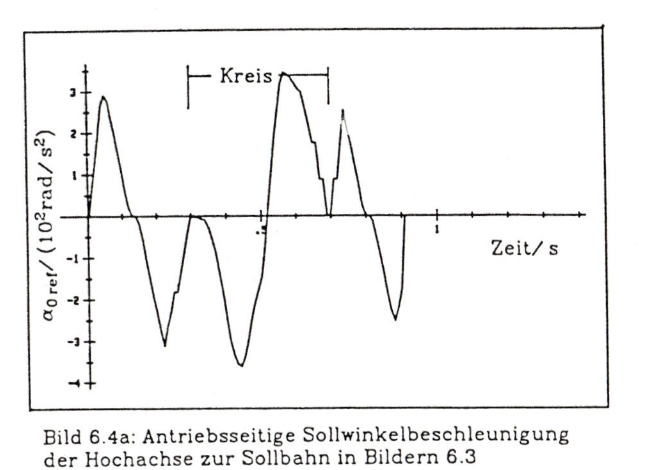

Bild 6.4a: Antriebsseitige Sollwinkelbeschleunigung der Hochachse zur Sollbahn in Bildern 6.3

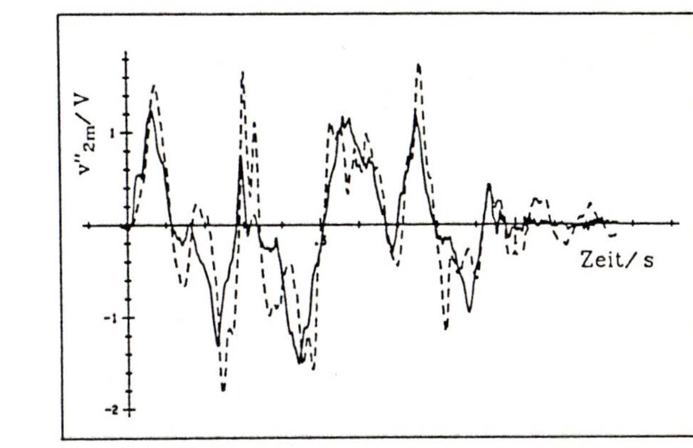

Bild 6.5a: Krümmungsmessung am Unterarm in Umfangsrichtung zu Bildern 6.3a und 6.3b.
– – – konv. Regelung ——— vollst. AVR

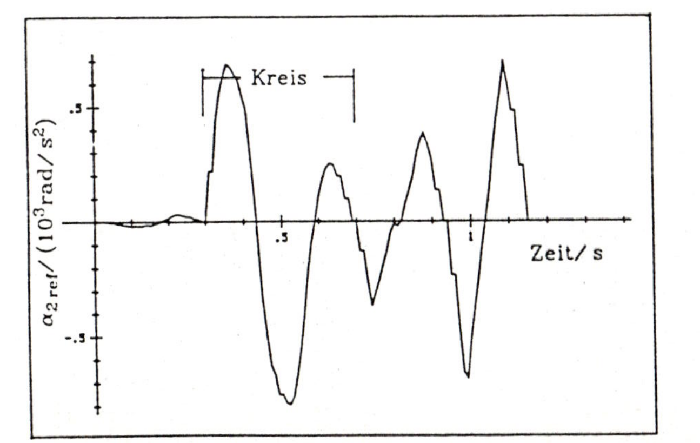

Bild 6.4b: Antriebsseitige Sollwinkelbeschleunigung des Ellbogens zur Sollbahn in Bildern 6.3

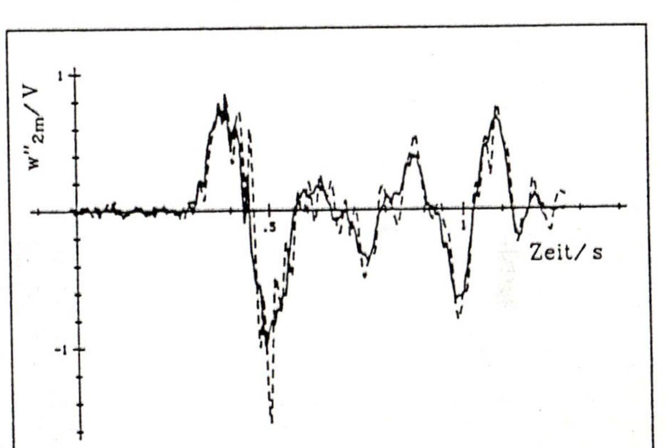

Bild 6.5b: Krümmungsmessung am Unterarm in der Vertikalebene zu Bildern 6.3a und 6.3b.
– – – konv. Regelung ——— vollst. AVR

Sollbeschleunigungen erforderlich. Im Vergleich zu den Bahnabweichungen, die für diese "schnelle" Sollbewegung der Endmasse ohne die Aufschaltung der Sollwinkelbeschleunigungen, wie man es häufig in der industriellen Anwendung findet, auftreten würden (vgl. auch Abschnitt 5.4.2.3), sind die Bahnfehler in Bild 6.3e jedoch noch als klein anzusehen.
Zusätzlich zur Auswirkung gekrümmter antriebsseitiger Sollbeschleunigungen auf das stationäre Verhalten der Bewegung der Endmasse ist aus Bildern 6.3a und 6.3b wieder die deutliche Steigerung der Leistungsfähigkeit des realen mit vollständiger AVR geregelten Systems zu erkennen.

In Bildern 6.5 sind die beim Durchfahren der Sollbahn aus Bildern 6.3 gemessenen Zeitverläufe der DMS-Krümmungssignale v''_{2m} und w''_{2m} (siehe Abschnitt 5.1) für den Versuchsstand mit konventioneller Regelung und vollständiger AVR dargestellt. Hier ist die schwingungsdämpfende Wirkung der im Versuch realisierten vollständigen AVR noch anschaulicher. Wegen nur geringer Sollbeschleunigungen am Schulterantrieb (s.o.) besteht ein näherungsweise proportionaler Zusammenhang zwischen den antriebsseitigen Sollwinkelbeschleunigungen aus Bildern 6.4 und den Sollbeschleunigungen der Endmasse in $y_{2'}$- und $z_{2'}$-Richtung des bewegten Koordinatensystems 2' (siehe Bild 4.1). Die DMS-Krümmungssignale, die proportional zu den Istbeschleunigungen der Endmasse in $y_{2'}$- und $z_{2'}$-Richtung sind, nehmen durch die Ausregelung der elastischen Schwingungen mit der vollständigen AVR ähnliche Zeitverläufe wie die Sollbeschleunigungen an.

Der Unterschied zwischen dem Verhalten des Versuchsstandes mit konventioneller Regelung und der ausgelegten AVR ist ebenfalls den in Bildern 6.6 dargestellten gemessenen Autospektren der Krümmungssignale zu entnehmen. Sie gelten für eine abwechselnde, additiv auf die Steuereingänge u_{Mj} des Versuchsstandes wirkende Anregung mit Rauschen der Intensität 1 V^2/Hz. Die enorme Absenkung der über Schwingungseigenwerte übertragenen Rauschleistung (= Fläche unter den Resonanzüberhöhungen) bei Regelung mit AVR ist äquivalent mit der in Bildern 6.5 zu beobachtenden Glättung der Zeitverläufe.

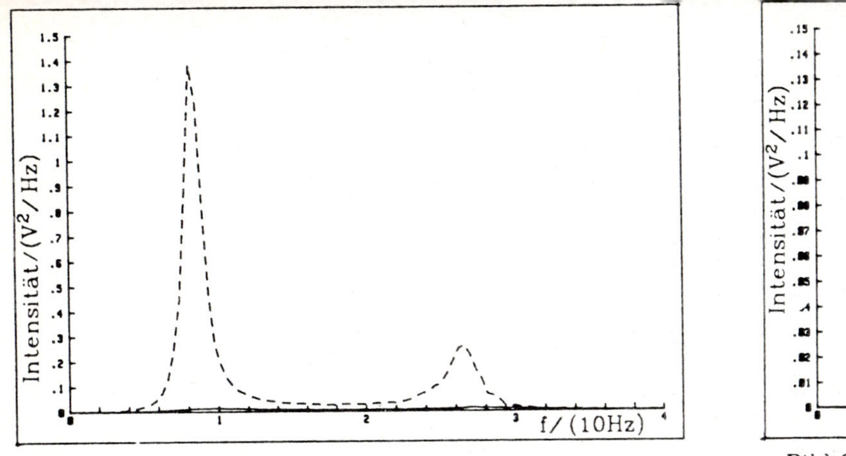

Bild 6.6a: Autospektrum von v''_{2m} bei Anregung des Steuereinganges u_{M0} der Hochachse

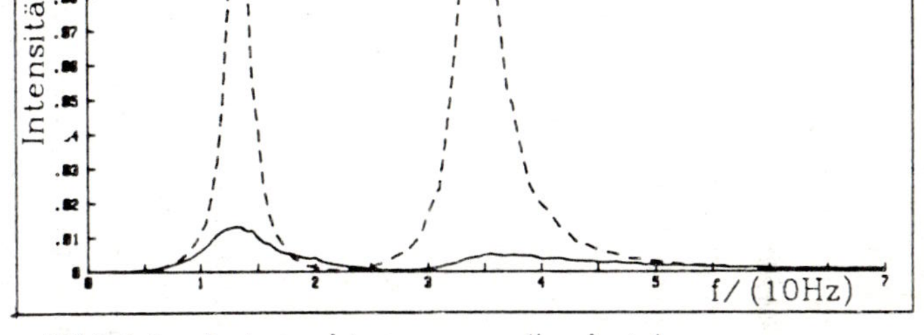

Bild 6.6c: Autospektrum von w''_{2m} bei Anregung des Steuereinganges u_{M2} des Ellbogens

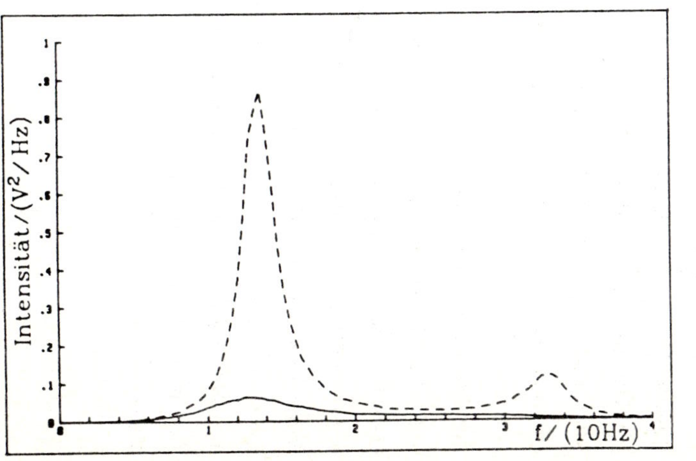

Bild 6.6b: Autospektrum von w''_{2m} bei Anregung des Steuereinganges u_{M1} der Schulter

Bilder 6.6: Gemessene Autospektren der DMS-Krümmungssignale v''_{2m} und w''_{2m} des Unterarmes. Versuchsstand mit
– – – konv. Regelung ——— vollst. AVR

6.2.2 Systemverhalten in größerer Entfernung vom Auslegungspunkt

Zusätzlich zu den oben vorgestellten Experimenten in unmittelbarer Umgebung des für den Reglerentwurf gewählten Betriebspunktes aus Bild 5.2 wurden im Versuch große Bahnen im Raum durchfahren. Dabei zeigt sich, daß mit der fest eingestellten AVR auch für größere Abweichungen aus dem Auslegungspunkt im Vergleich zur konventionellen Regelung noch weit bessere Ergebnisse erzielt werden. Als Beispiel sei die Sollbahn in Bild 6.7a betrachtet. Sie setzt sich aus drei Geraden und einem Kreisabschnitt im Raum zusammen und wird in der eingetragenen Richtung in 2.9 s mit Haltephasen in den Eckpunkten durchfahren. Der Zeitverlauf der Sollbeschleunigung der Endmasse entlang der natürlichen Bahnkoordinate (Bild 6.7b) ist wieder für jeden Bahnabschnitt dreiecksförmig und symmetrisch mit Maximalwerten von 5 m/s^2 für Geradenabschnitt 1, 8 m/s^2 für Geradenabschnitt 2, 5 m/s^2 für die dritte Gerade und 7 m/s^2 für den Kreisabschnitt. Bilder 6.8 stellen die gemessenen Krümmungssignale am Unterarm beim Durchfahren dieser Bahn mit konventioneller Regelung und vollständiger AVR gegenüber. Im Vergleich der zusammengehörigen Verläufe Bilder 6.8a und 6.8c sowie 6.8b und 6.8d sind wieder die Vorteile bei Regelung mit der AVR offensichtlich. Die in Bild 6.8b auftretenden Schwingungen beim Durchfahren des zweiten und dritten Geradenabschnittes sind auf das Ansprechen der Stellgrößenbegrenzung des Ellbogenantriebes, dessen Motor für die vorgegebenen Beschleunigungen etwas zu schwach ausgelegt ist, zurückzuführen. Bei Ansprechen einer Stellgrößenbegrenzung wird ein Teil der Regelung aufgetrennt, wodurch während dieser Zeit eine schlechter geregelte oder ungeregelte Bewegung mit überlagerten Strukturschwingungen auftritt. Stabilitätsprobleme durch das Auftrennen einzelner Rückführpfade der ausgelegten AVR sind, wie verschiedene Tests am Versuchsstand zeigten, nicht zu beobachten.

Vergleicht man die Schwingungsamplituden aus Bildern 6.8c und 6.8d mit den Amplituden aus Bildern 6.5a und 6.5b, die mit Bahnfehlern von etwa ± 1 mm in Bild 6.3a verbunden waren, wird deutlich, daß auf der Sollbahn aus Bild 6.7a bei konventioneller Regelung Schwingungsfehler im Zentimeterbereich auftreten, die durch die vollständige AVR um mehr als eine Größenordnung reduziert werden.

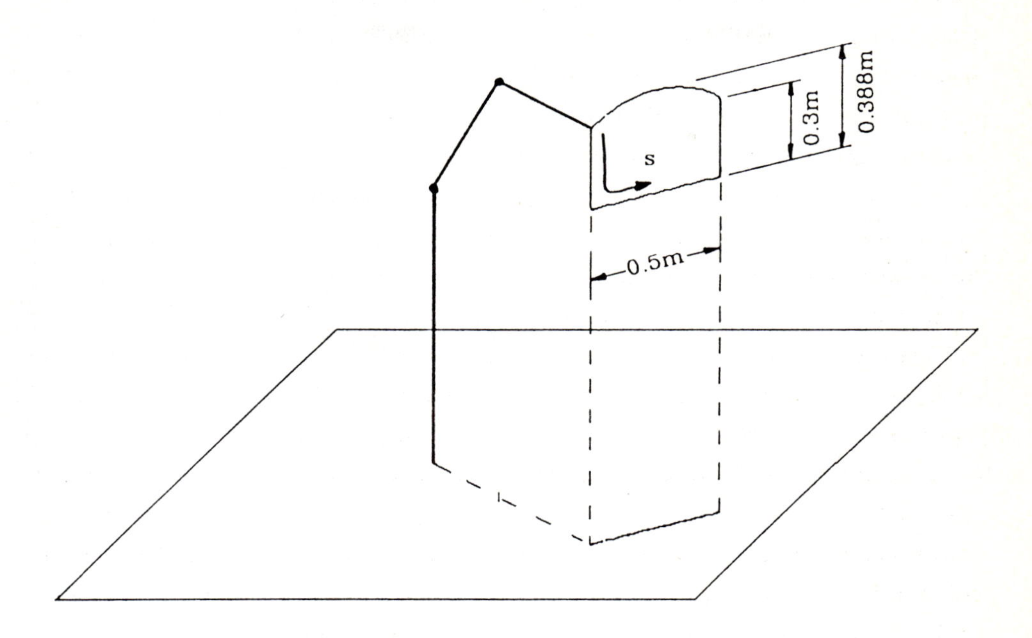

Bild 6.7a: Sollbahn mit größeren Auslenkungen aus dem Auslegungspunkt für die Regelung

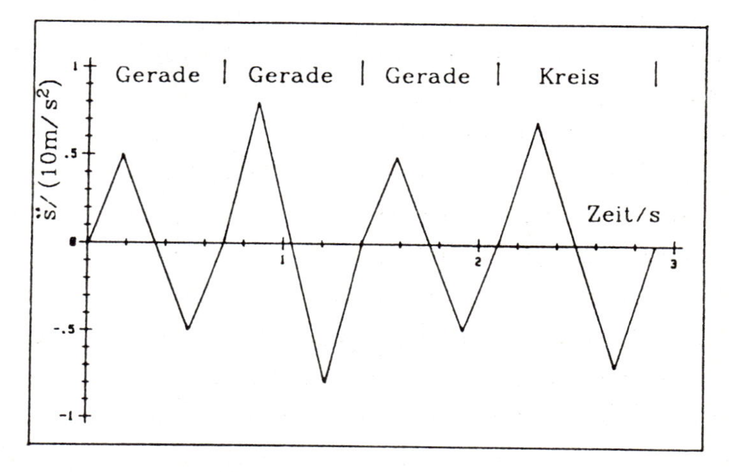

Bild 6.7b: Sollbeschleunigung der Endmasse in natürlicher Koordinatenrichtung

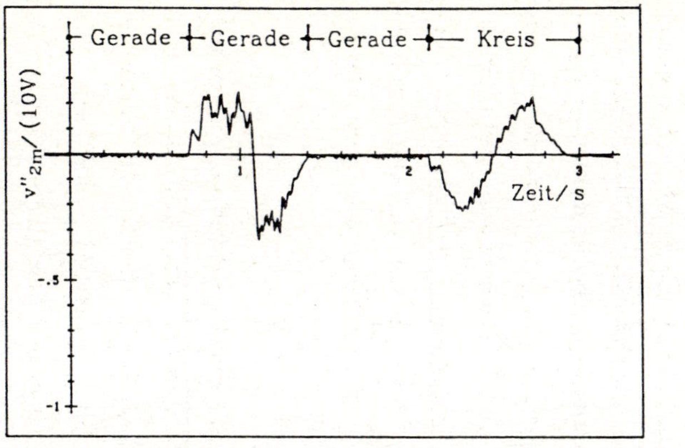

Bild 6.8a: Krümmungsmessung am Unterarm in Umfangsrichtung beim Durchfahren der Sollbahn aus Bild 6.7. Versuchsstand *mit vollständiger AVR*.

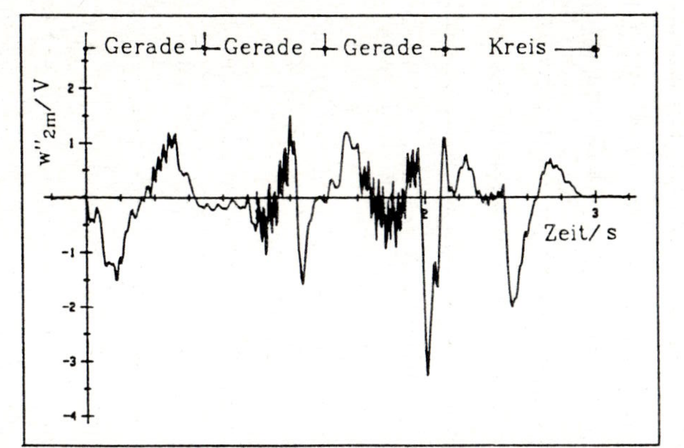

Bild 6.8b: Krümmungsmessung am Unterarm in der Vertikalebene beim Durchfahren der Sollbahn aus Bild 6.7. Versuchsstand *mit vollständiger AVR*.

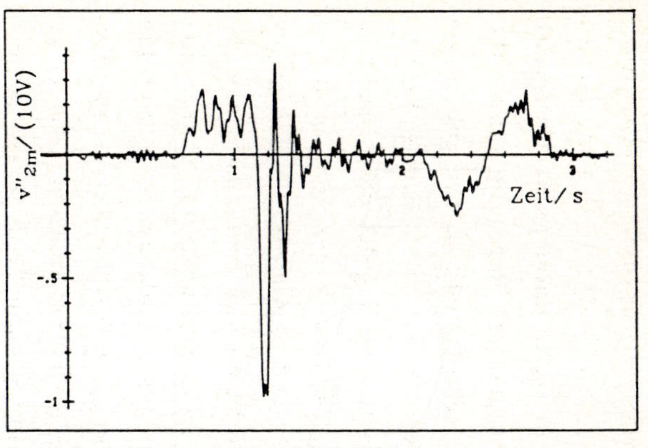

Bild 6.8c: Krümmungsmessung am Unterarm in Umfangsrichtung beim Durchfahren der Sollbahn aus Bild 6.7. Versuchsstand *mit konventioneller Regelung*.

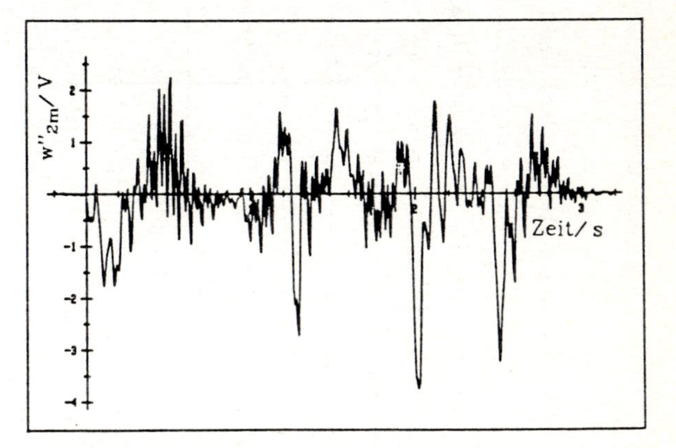

Bild 6.8d: Krümmungsmessung am Unterarm in der Vertikalebene beim Durchfahren der Sollbahn aus Bild 6.7. Versuchsstand *mit konventioneller Regelung*.

Zu den stationären Bahnfehlern durch gekrümmte Beschleunigungszeitverläufe (siehe Bild 6.3e und Bilder 6.4) kommen für große Bahnen im Raum Abweichungen aufgrund der in anderen Betriebspunkten nicht mehr optimalen Aufschaltverstärkungen der Regelung hinzu. Dies trifft insbesondere auf die Beschleunigungsaufschaltungen zu, die neben konstanten Rückführparametern abhängig von den sich verändernden Trägheitsverhältnissen und Federsteifigkeiten in der Regelstrecke sind. Die Eigenschaften der verwendeten Antriebszweige, ein bei Vernachlässigung der Zeitkonstante der Stromregelung quasi direkter Momentenstelleingang und ein überwiegender Anteil der Antriebsdrehmassen an den resultierenden Trägheitsmomenten der einzelnen Achsen des Gesamtsystems, führen hier jedoch zu einem unempfindlichen Verhalten der stationären Bahnfehler gegenüber nicht optimalen Aufschaltverstärkungen für die antriebsseitigen Sollbeschleunigungen. Es zeigt sich und ist aufgrund der oben beschriebenen Trägheitsverhältnisse leicht einzusehen, daß schon mit vereinfachten Beschleunigungsaufschaltungen, für entkoppelte Achsmodelle aus Bild D1 (Anhang D) gemäß $k_{rj\alpha\,red}=1/(J_{red\,j}k_{Mj})$ berechnet, gute Ergebnisse erzielt werden. In diesem Fall verbleiben im betrachteten Betriebspunkt noch geringere stationäre Fehler durch in Beschleunigungsphasen auftretende elastische Verformungen des mechanischen Systems, die unter optimalen Bedingungen durch eine größere Aufschaltverstärkung zum Verschwinden gebracht werden. Außerhalb des betrachteten Betriebspunktes nehmen die stationären Fehler mit den lageabhängigen Änderungen der resultierenden Achsträgheitsmomente und Federsteifigkeiten des Systems zu. Die Zunahme bleibt aber wegen der Dominanz der antriebsseitigen Trägheitsmomente bei nicht extremen Winkeländerungen klein.

Möchte man bei Vorgabe zeitveränderlicher Sollwerte stationäre Bahnfehler durch lagebedingte Betriebspunktänderungen dennoch ausschalten, ist eine Adaption der Führungsgrößenaufschaltung notwendig. Unter der Annahme konstanter Dämpfungskonstanten b_j der Antriebe bleiben die Aufschaltverstärkungen $k_{rj\Omega}$ für die antriebsseitigen Winkelgeschwindigkeiten konstant, und es brauchen nur die Beschleunigungsaufschaltungen adaptiert werden. Physikalisch lassen sich die konstanten Winkelgeschwindigkeitsaufschaltungen dadurch erklären, daß für konstante

Sollwinkelgeschwindigkeiten an den einzelnen Achsen keine elastischen Verformungen im mechanischen System auftreten und mit den Aufschaltverstärkungen $k_{rj\Omega}=b_j/k_{Mj}-k_{cj\Omega}k_{\Omega m}$ (vgl. Zahlenwerte in Tabellen 4.2, D1, D2 und D4) eine stationär genaue Antwort sowohl der Achswinkel als auch der Position der Endmasse erreicht wird. Auf die Realisierung einer Adaption der Aufschaltverstärkungen und bei extremen Betriebspunktänderungen (Achswinkeländerungen) einer möglichen Adaption der Rückführung zum Erhalt der Dynamik des geregelten Systems wird hier im einzelnen jedoch nicht mehr eingegangen. Auch Bahnfehler, die bei hohen Bahngeschwindigkeiten durch verallgemeinerte Zentrifugal- und Corioliskräfte auftreten, sind nicht mehr Thema dieser Arbeit. Diese Punkte werden in /Ackermann 1988/ behandelt. Maßnahmen zur Kompensation der Wirkung von Zentrifugalkräften am idealen starren Roboter findet man auch in /Luh 1983b/.

Der sich mit den Armstellungen ändernde Einfluß der Gewichtskräfte auf die Bahngenauigkeit kann zunächst durch Aufschalten geeigneter Haltemomente auf den Schulter- und Ellbogenantrieb, die sich aus den nichtlinearen Bewegungsgleichungen ablesen lassen, vermindert werden (siehe auch /Luh 1983b/). Diese Haltemomente verhindern durch Eigengewicht bedingte Verdrehungen der Antriebsdrehmassen gegenüber den Gehäusen, heben aber nicht entsprechende Fehler aufgrund elastischer Verformungen im System auf. Eine Möglichkeit Bahnfehler, die auf elastische Verformungen infolge Eigengewicht zurückzuführen sind, zu minimieren ist diese aus den Winkelsollwerten der Achsen und dem stationären Modellverhalten zu berechnen und eine entsprechende Sollwertkorrektur vorzunehmen /Gebler 1987/. Diese Vorgehensweise ist aber aufgrund vorhandener Modellungenauigkeiten immer mit einem gewissen Fehler behaftet. Exakt kann man den Einfluß der Gewichtskräfte auf die Bahngenauigkeit nur über eine absolute Messung der Position der Endmasse im Raum und geeignete Rückführung dieser externen Sensorsignale über eine on-line Bahnrücktransformation und Korrektureinrichtung, wie es in Bild 2.2 bereits gestrichelt angedeutet wurde, eliminieren. Durch eine externe Messung würden darüberhinaus nicht nur die Bahnfehler infolge Eigengewicht, sondern auch Fehler aus Modellungenauigkeiten bei der Bahnrücktransformation, aus Offsets in Meßsignalen und Nichtlinearitäten erfaßt.

7. Zusammenfassung

Die Ausrichtung des Systementwurfes auf das gekoppelte Gesamtsystem "Roboter" führt zu einer deutlichen Steigerung der Leistungsfähigkeit des geregelten Systems, sowohl in Simulationstests als auch in der Realität. Dies ist unter anderem darauf zurückzuführen, daß beim Durchlaufen der einzelnen Entwurfsschritte - Modellbildung, Analyse und Reglersynthese - besonderer Wert auf eine möglichst gute Übereinstimmung mit dem realen System, auf die Beschreibung der Umgebung, in der das System arbeitet, und die mathematische Formulierung der ingenieurmäßigen Anforderungen an das Systemverhalten gelegt wurde. Der Einsatz schneller Signalprozessor-Hardware und vorhandener Software-Werkzeuge zur Implementierung der entworfenen linearen Mehrgrößenregelung war eine weitere wichtige Voraussetzung für die Übertragung der theoretischen Ergebnisse auf den Laborversuch.

Der bei der Modellbildung beschrittene Weg, der durch eine spezielle *Modularisierung* des mechanischen Systems erlaubt die *Bewegungsgleichungen in symbolischer Form* teilsystemweise aufzustellen und anschließend systematisch zum Gesamtsystem zusammenzufügen, ist für große mechanische Systeme von besonderer Bedeutung. In Abschnitt 4 wird die Modularisierung für den betrachteten Knickarmroboter angegeben und der weitere Weg zur Berechnung der Bewegungsgleichungen aufgezeigt. Wegen der Länge der symbolischen Ausdrücke wird auf die Angabe der vollständigen Gleichungen verzichtet. Ihre Berechnung erfolgt aus den Daten der einzelnen Module des Gesamtsystems mit Hilfe eines Formelmanipulationspaket und liefert als mathematisches Modell ein System nichtlinearer Differentialgleichungen und algebraischer Gleichungen in symbolischer Form mit nur näherungsweise bekannten oder unbekannten physikalischen Parametern.

Ausgehend von einem Startparametersatz führt die Minimierung des Fehlers zwischen den aus dem linearisierten Modell gerechneten und am Versuchsstand gemessenen Frequenzgängen in Abschnitt 4.4.2 zu optimalen physikalischen Parametern. Dabei wird eine gute Übereinstimmung des Modells mit der Wirklichkeit erreicht. Hierzu trägt unter anderem die in Abschnitt

4.4.1 beschriebene Vorgehensweise bei der Messung der relevanten Frequenzgänge bei, durch die der *Einfluß nichtlinearer Systemeigenschaften* auf die Meßergebnisse ***klein gehalten*** werden kann. Der erreichte Grad an Übereinstimmung des vollständigen, gekoppelten mathematischen Modells mit der realen Regelstrecke bildet eine zuverlässige Basis für die folgende Regelungssynthese.

Die Reglersynthese in Abschnitt 5 erfolgt für das um die Servoverstärker- und Meßkettengleichungen erweiterte Streckenmodell, das um die gleiche stationäre Ruhelage, für die die Parameterindentifizierung durchgeführt wurde, als Betriebspunkt linearisiert wird. Anforderungen an die Regelung, die in Form einer linearen Ausgangsvektorrückführung angesetz ist, sind, die auftretenden elastischen Schwingungen zu dämpfen und eine stationär genaue Bewegung der Roboterhand auf bestimmten Sollbahnen in der Nähe des Betriebspunktes sicherzustellen. Grundlage des Entwurfes ist eine ***Systemstruktur***, die nicht nur das wirklichkeitsnahe *Streckenmodell* und die *Regelung* enthält, sondern zusätzlich die sog. Betriebs- und Entwurfsumgebung einschließt. Dabei fällt der Modellierung der Betriebs- und Entwurfsumgebung ein bedeutender Anteil zu, der sich auf die spätere Reglerrealisierung positiv auswirkt. Die *Betriebsumgebung* stellt die auf das reale geregelte System wirkende *Anregung* durch Führungssignale (Sollwerte für die einzelnen Roboterachsen) und Störsignale (Meßstörungen und Quantisierungsfehler) dar, die mit Hilfe linearer Modelle in Zustandsform aus Dirac-Impulsen und stationärem weißen Rauschen nachgebildet werden. Bei der *Entwurfsumgebung* handelt es um die ingenieurmäßigen Anforderungen an das geregelte System, die gleichungsmäßig in linearer Zustandsdarstellung in einem Teilsystem *Bewertung* zusammenfaßt werden. Alle Teilsysteme - Regelstrecke, Regelung, Anregung und Bewertung - bilden nach ihrer Verkopplung das Gesamtsystem für den Entwurf.

Die Optimierung der im Gesamtsystem freien Reglerparameter für die Rückführung der vorhandenen Meßgrößen und für die Aufschaltung der Führungssignale aus dem Teilsystem Anregung erfolgt mit Hilfe eines neuen sog. *Instrumentellen Entwurfsverfahrens* /Kasper 1985/. Es arbeitet mit einem vektoriellen Gütekriterium, das die Eigenwerte des geschlossenen Regelkreises und die mittleren Amplituden (Varianzen) der interessierenden

Optimierungszielgrößen, die Ausgänge des Teilsystems Bewertung sind, enthält. Neben der Beeinflussungsmöglichkeit der einzelnen Elemente des Gütekriteriums erlaubt das Verfahren die Optimierung der Parameter beliebig vorgegebener Regelungsstrukturen. Die letzte Eigenschaft kommt dem gewählten Ansatz einer Ausgangsvektorrückführung entgegen, deren Komplexität in Abschnitt 5.4, ausgehend von einer konventionellen Starrkörperregelung mit alleiniger Rückführung antriebsseitiger Meßgrößen, bis zur vollständigen angesetzten Rückführstruktur mit an- und abtriebsseitigen Meßsignalen gesteigert wird. Ein ***stufenweises Vorgehen*** beginnend mit einer bereits realisierbaren konventionellen Regelung erweist sich als ein sicherer Weg zum Entwurf einer komplexen Mehrgrößenregelung, die sich anschließend ohne große Probleme digital realisieren läßt. Entsprechend wird die Optimierung der Führungsgrößenaufschaltung für die Klasse rampen- und parabelförmiger Führungssignale für die Achswinkel in zwei Stufen, Aufschaltung der Sollwinkelgeschwindigkeiten und Aufschaltung der Sollwinkelbeschleunigungen der einzelnen Roboterachsen, unterteilt.

Die Simulation dieser Regelung am nichtlinearen Streckenmodell zeigt eine deutliche Verbesserung des Bewegungsverhaltens. Gegenüber dem konventionell geregelten System werden die bei Vorgabe schneller Sollbewegungen angeregten ***elastischen Schwingungen*** sehr gut ***ausgeregelt***. Die schwingungsdämpfende Wirkung der Ausgangsvektorrückführung ist aber auch für das Störverhalten des geregelten Systems zur Unterdrückung von Schwingungen, die bei gleichmäßiger Bewegung auf einer vorgegegenen Bahn durch Nichtlinearitäten und Ungleichförmigkeiten in den Antrieben angeregt werden, von großer Bedeutung. Bei der Führungsgrößenaufschaltung bewirkt besonders die Aufschaltung der Sollwinkelbeschleunigungen der einzelnen Achsen bis für rampenförmige Beschleunigungszeitverläufe ein praktisch ***schleppfehlerfreies Nachfahren*** der entsprechenden Bahnen im Raum.

Gemäß unterschiedlicher Anforderungen an die Verarbeitungsgeschwindigkeiten, wird die hardwaremäßige Realisierung der entworfenen Regelung in drei Ebenen vorgenommen. Die Implementierung der Mehrgrößenregelung (Reglerrückführung und Führungsgrößenaufschaltung) erfolgt auf einem schnellen TMS32010-Signalprozessorsystem. Zur Ausgabe der Führungsgrößen auf die Reglereingänge dient ein NS32016-Mikrorechner-

Board; Bahnplanungs-, Bahntransformations- und Überwachungsaufgaben werden von einem MC68010-System übernommen. Durch die vorhandenen Sofware-Werkzeuge wird die Implementierung der Regelung erheblich erleichtert und in wichtigen Abschnitten (Zustandsskalierung, Codegenerierung) automatisiert. Beim Test des realen Systems mit der entworfenen Mehrgrößenregelung stellen sich wieder die gegenüber der konventionellen Regelung deutlichen Verbesserungen ein. Dabei zeigt sich im parallelen Vergleich mit Ergebnissen aus der nichtlinearen Simulation ein hoher Übereinstimmungsgrad mit der Rechnung. Aus dem Vergleich kann auf Ursachen von Bahnabweichungen geschlossen werden, die im wesentlichen durch gekrümmte (nicht mehr rampenförmige) Sollwinkelbeschleunigungen bei den Führungsgrößen und durch die in den Antriebszweigen vorhandenen Coulombschen Reibmomente auftreten. Zur Beseitigung der Reibungseinflüsse wird in Abschnitt 3 die Beobachtung und Aufschaltung der Coulombschen Antriebsreibmomente beschrieben, die jedoch in dieser Arbeit nicht mehr realisiert wird.

Im Rahmen dieser Arbeit nicht behandelt oder nur kurz angerissen werden die Adaption der Aufschalt- und Rückführverstärkungen zum Erhalt der stationären Genauigkeit und Dynamik des geregelten System bei extremen Betriebspunktänderungen sowie Bahnfehler, die durch Gewichtskräfte und bei hohen Bahngeschwindigkeiten durch verallgemeinerte Zentrifugal- und Corioliskräfte auftreten. Zu diesen Punkten sei auf /Ackermann 1988/ und /Gebler 1987/ verwiesen.

ANHANG

Anhang A: Technische Daten des Versuschsstandes

Baugruppe	Technische Daten
DC-Scheibenläufer-motor	Nenndrehmoment : 5.7 Nm Nenndrehzahl : 3000 min^{-1}
Harmonic-Drive Getriebe HDUC 50-160 BL1	Getriebeübersetzung 160 : 1
Winkelgeber	1000 Strich
Tacho	6 V / 1000 min^{-1}

Tabelle A1: Technische Daten des Hochachsgelenkes

Baugruppe	Technische Daten
DC-Scheibenläufer-motor	Nenndrehmoment : 6.85 Nm Nenndrehzahl : 3000 min^{-1}
Harmonic-Drive Getriebe HDUC 50-160-2A BL1	Getriebeübersetzung 161 : 1
Winkelgeber	1000 Strich
Tacho	10 V / 1000 min^{-1}

Tabelle A2: Technische Daten des Schultergelenkes (mechanischer Aufbau wie Ellbogen)

Baugruppe	Technische Daten
DC-Scheibenläufer-motor	Nenndrehmoment : 1.3 Nm Nenndrehzahl : 3000 min^{-1}
Harmonic-Drive Getriebe HDUC 32-208-2A BL1	Getriebeübersetzung 209 : 1
Winkelgeber	1000 Strich
Tacho	10 V / 1000 min^{-1}

Tabelle A3: Technische Daten des Ellbogengelenkes

Abstand Schulter-Ellbogenachse	0.75 m
Abstand Ellbogenachse Schwerpunkt Endmasse	0.75 m
Oberarm: Alu-Hohlprofil	150×50×5 mm
Unterarm: Alu-Hohlprofil	80×40×4 mm
Gesamtmasse	≈150 kg
Endmasse (Greifer, Nutzlast)	6.2 · · · 12 kg
Maximalbeschleunigung der Endmasse	≈8 m/s^2
Maximalgeschwindigkeit	≈3 m/s

Tabelle A4: Globale Übersicht über die Versuchsstanddaten

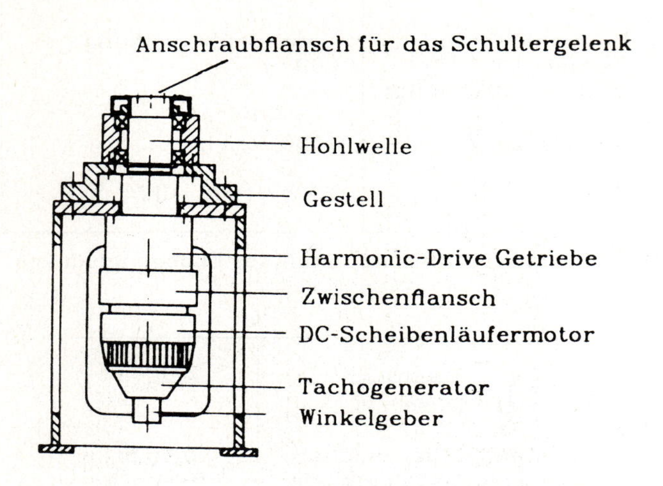

Bild A1: Aufbau des Hochachsgelenkes

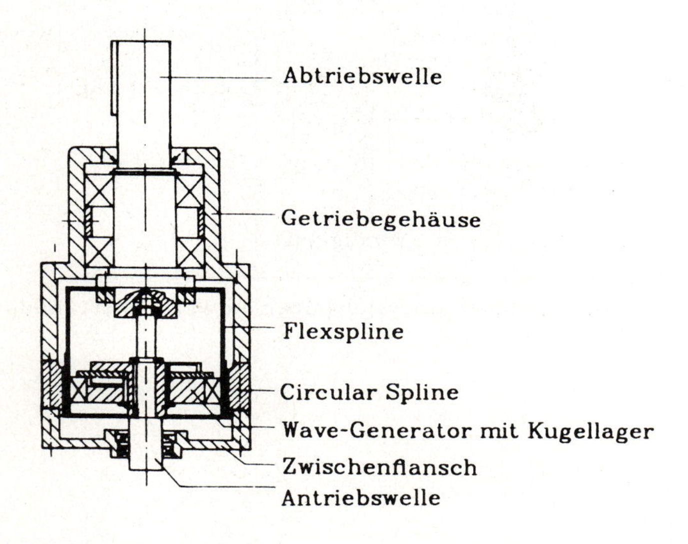

Bild A2: Harmonic-Drive Getriebe im Hochachsgelenk

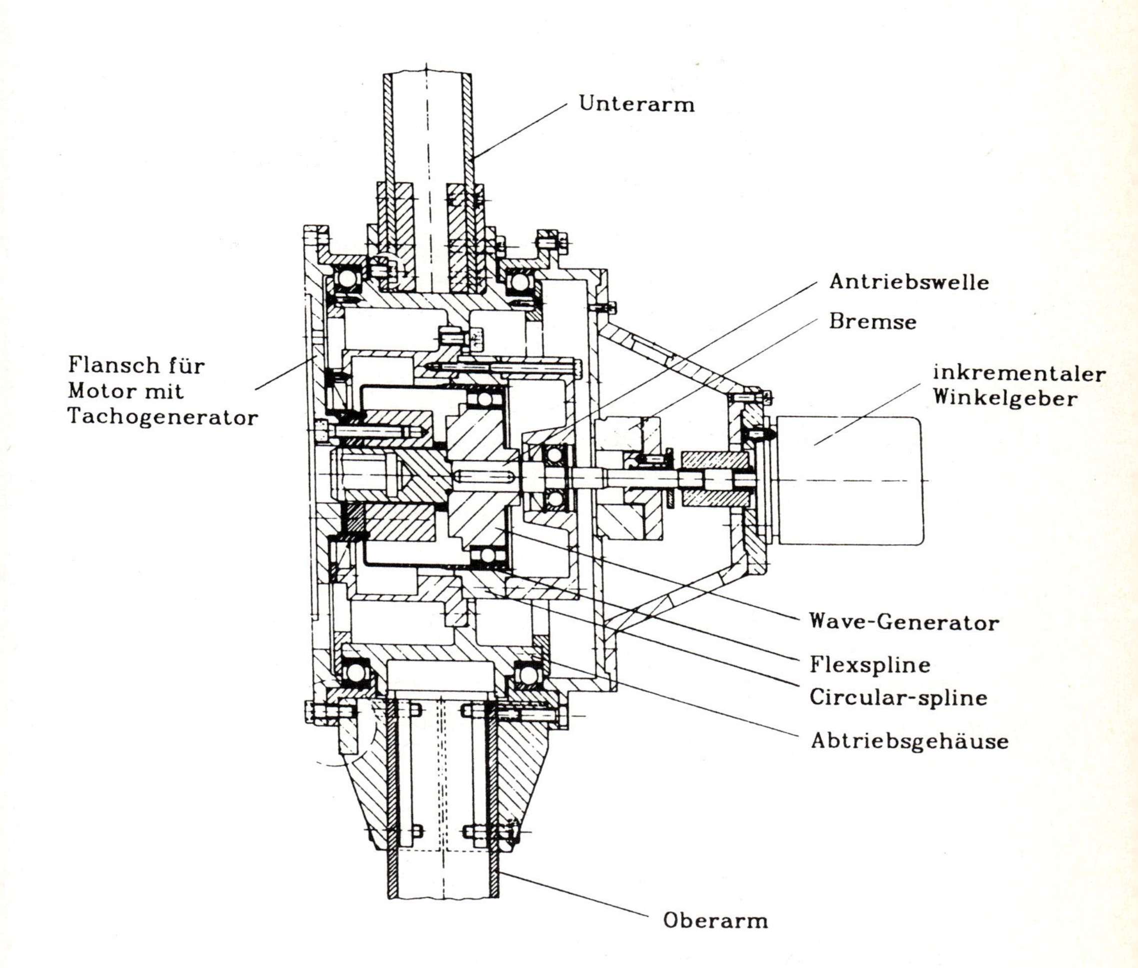

Bild A3: Aufbau des Ellbogengelenkes

Anhang B: Modellierung und Kompensation nichtlinearer Antriebseigenschaften

Größe	Wert	Einheit	Bezeichnung
J_M	$1.435\ 10^{-3}$	kgm^2	Motorträgheitsmoment
b_M	$1.3\ 10^{-3}$	kgm^2/s	Dämpfungskonstante Motor
$M_{GRM}=M_{HRM}$	0.32	Nm	Gleitreibmoment am Motor (s. Gl. (3.1))
c_{MG}	516.53	Nm/rad	Federsteifigkeit zwischen Motor und Getriebe
b_{MG}	0.50624	kgm^2/s	Dämpfungskonstante " "
ε	0.00893	rad	Lose (s. Gl. (3.3))
J_G	$1.4755\ 10^{-3}$	kgm^2	Getriebeträgheitsmoment
b_G	$2.9\ 10^{-3}$	kgm^2/s	Dämpfungskonstante Getriebe
$M_{GRG}=M_{HRG}$	0.28	Nm	Gleitreibmoment am Getriebe (s. Gl. (3.1))
$\mu(\Omega_G)=\mu_0$	1.44	-	Faktor für lastabhängige Getriebereibung (s. GL. (3.2))
c_{GL}	1.805	Nm/rad	Federsteifigkeit zwischen Getriebe und Last
b_{GL}	$4.95\ 10^{-4}$	kgm^2/s	Dämpfungskonstante " "
J_L	$4.13\ 10^{-4}$	kgm^2	Lastträgheitsmoment

Tabelle B1: Parameter zu Bild 3.6 und Gleichungen (3.4) bis (3.8)

Intensitäten der Rauschprozesse	
Zustandsgrößen	Meßgrößen
2 : 1 $(rad/s^2)^2/s^{-1}$ 4 : 10 $(rad/s^2)^2/s^{-1}$ 5 : 4 $(Nm)^2/s^{-1}$	1: $5\ 10^{-10}\ rad^2/s^{-1}$ 2: $2\ 10^{-4}\ (rad/s)^2/s^{-1}$

Tabell B2: Intensitäten von Prozeß- und Meßrauschen für den Kalman-Filter Entwurf zu Gleichung (3.8)

Größe	Wert	Einheit
$k_{\varphi M}$	-24.960	Nm/rad
$k_{\Omega M}$	-0.7079	Nm/(rad/s)
$k_{\varphi L}$	3118.5	Nm/rad
$k_{\Omega L}$	57.750	Nm/(rad/s)

Tabelle B3: Reglerverstärkungen zu Gleichung (3.9)

Anhang C: Modellbildung für das dreiachsige Gesamtsystem

C1. Modulbildung und Moduldaten (Abschnitt 4.2.4)

Das physikalische Ersatzmodell in Bild 4.1 besteht nach der vorgenommenen Unterteilung in Bild 4.5 aus insgesamt $n_j=4$ Modulen, den drei Achsmodulen "Hochachse, Schulter und Ellbogen" und der "Endmasse".

C1.1 Generalisierte relative Lagekoordinaten

Hochachse

$$\mathbf{q}_0=[\varphi_{A0}, \varphi_{0z}]^T \quad ,$$

Schulter

$$\mathbf{q}_1=[\varphi_{1y}, v_1, w_1, \vartheta, \beta, \psi]^T \quad ,$$

Ellbogen

$$\mathbf{q}_2=[\varphi_{2y}, v_2, w_2]^T \quad .$$

Die Endmasse steuert keine generalisierten Koordinaten bei.

C1.2 Modulkoordinatensysteme

Die Modulkoordinatensysteme befinden sich körperfest in den Gehäuseschwerpunkten der Antriebe (Indices 0,1,2) und in der Endmasse (Index 3). Entsprechend den Ausführungen zum physikalischen Ersatzmodell (Abschnitt 4.1) stimmen die Schwerpunkte der Gehäuse und Antriebsdrehmassen überein und liegen auf den Drehachsen der Antriebe.

Zur Ankopplung von Folgemodulen dienen die Koppelkoordinatensysteme am Abtrieb der Hochachse und in den Endpunkten der Arme.

C1.3 Lokale Kinematik

Die drei Achsmodule (j=0,1,2) enthalten je zwei Körper, das Gehäuse (K1) und die Antriebsdrehmasse (K2). Durch die Wahl der Modulkoordinatensysteme ist

$$\mathbf{r}^{(j)}_{K1rel,j} = \mathbf{r}^{(j)}_{Grel,j} = \mathbf{0} \quad , \quad \boldsymbol{\Omega}^{(j)}_{K1rel,j} = \boldsymbol{\Omega}^{(j)}_{Grel,j} = \mathbf{0} \quad ,$$

$$\mathbf{r}^{(j)}_{K2rel,j} = \mathbf{r}^{(j)}_{Arel,j} = \mathbf{0} \quad ,$$

und erhält man mit der Teilsystembeschreibung aus Abschnitt 4.2.3 für die restlichen Größen der lokalen Kinematik der Module

Hochachse

$$\boldsymbol{\Omega}^{(0)}_{Arel,0} = [0,\, 0,\, \dot{\varphi}_{A0}]^T \quad ,$$

$$\mathbf{r}^{(0)}_{0,1} = \mathbf{0} \;, \qquad \mathbf{T}^{(0,1)} = \begin{bmatrix} \cos(\varphi_{0z}) & -\sin(\varphi_{0z}) & 0 \\ \sin(\varphi_{0z}) & \cos(\varphi_{0z}) & 0 \\ 0 & 0 & 1 \end{bmatrix} , \qquad \boldsymbol{\Omega}^{(1)}_{1,0} = [0,\, 0,\, \dot{\varphi}_{0z}]^T \quad ,$$

Schulter

$$\boldsymbol{\Omega}^{(1)}_{Arel,1} = [0,\, i_1(\dot{\varphi}_{1y} + \frac{k_{1\,22}\, l_1 - k_{1\,24}}{c_{i1}}\dot{w}_1 + \frac{k_{1\,24}\, l_1 - k_{1\,44}}{c_{i1}}\dot{\beta}),\, 0]^T \quad ,$$

$$\mathbf{r}^{(1)}_{1,2} = [l_1\cos(\varphi_{1y}) + w_1\sin(\varphi_{1y}),\, v_1,\, -l_1\sin(\varphi_{1y}) + w_1\cos(\varphi_{1y})]^T \quad ,$$

$$\mathbf{T}^{(1,2)} = \mathbf{T}^{(1,1')}\mathbf{T}^{(1',2)} \;, \qquad \boldsymbol{\Omega}^{(2)}_{2,1} = [\psi\dot{\varphi}_{1y} + \dot{\vartheta},\, \dot{\varphi}_{1y} + \dot{\beta},\, -\vartheta\dot{\varphi}_{1y} + \dot{\psi}]^T \quad ,$$

$\mathbf{T}^{(1',2)}$ aus (4.9b) und $\mathbf{T}^{(1,1')}$ aus (4.10b) mit $\varphi_{1',1} = \varphi_{1y}$,

Ellbogen

$$\boldsymbol{\Omega}^{(2)}_{Arel,2} = [0,\, i_2(\dot{\varphi}_{2y} + \frac{k_{2\,22}\, l_2}{c_{i2}}\dot{w}_2),\, 0]^T \quad ,$$

$$\mathbf{r}_{2,3}^{(2)} = [l_2\cos(\varphi_{2y})+w_2\sin(\varphi_{2y}),\ v_2,\ -l_2\sin(\varphi_{2y})+w_2\cos(\varphi_{2y})]^T \quad .$$

Wegen des Anschlusses einer Punktmasse als Folgemodul, ist die Angabe der Drehungsmatrix $\mathbf{T}^{(2,3)}$ und der Relativwinkelgeschwindigkeit $\mathbf{\Omega}_{3,2}^{(3)}$ nicht erforderlich.

Für die Endmasse ist keine lokale Kinematik vorhanden.

Die Vektoren der absoluten Führungsgeschwindigkeiten $\boldsymbol{v}_1^{(0)}$, $\Omega_1^{(1)}$, $\boldsymbol{v}_2^{(1)}$, $\Omega_2^{(2)}$, $\boldsymbol{v}_3^{(2)}$ der Module berechnen sich mit obigen Angaben und den Anfangsbedingungen $\dot{\mathbf{r}}_0^{(0)}=\Omega_0^{(0)}=\mathbf{0}$ mit Gleichungen (4.4a), (4.7b) und (4.8b); die absoluten internen Geschwindigkeiten $\Omega_{A0}^{(0)}$ bis $\mathbf{\Omega}_{A2}^{(2)}$ liefert Gleichungleichung (4.10g).

C1.4 Trägheitseigenschaften

Die Geschwindigkeitsvektoren und lokalen Massenmatrizen der Achsmodule (j=0,1,2) sind gemäß (4.12b) und (4.12c) mit Bild 4.5

$$\boldsymbol{v}_{Mj}^{(j)} = \begin{bmatrix} \boldsymbol{v}_j^{(j)} \\ \Omega_j^{(j)} \\ \Omega_{Aj}^{(j)} \end{bmatrix} \quad , \quad \mathbf{M}_j = \begin{bmatrix} m_j\mathbf{I} & & \\ & \mathbf{J}_{Gj} & \\ & & J_{Aj} \end{bmatrix} \quad .$$

Für die punktförmige Endmasse ergibt sich wegen des Fehlens lokaler kinematischer Größen

$$\boldsymbol{v}_{M3}^{(2)} = \boldsymbol{v}_3^{(2)} \quad \text{und} \quad \mathbf{M}_3 = m_3\ \mathbf{I} \quad .$$

C1.5 Steifigkeitseigenschaften

Durch Zusammenfassen der Teilsystemgleichungen (4.10d) und (4.9d) bzw. (4.9g) erhält man zu (4.12d) die lokalen Steifigkeitsgleichungen

$$\begin{bmatrix} \mathbf{F}_{Aj} \\ \mathbf{F}_{Bj} \end{bmatrix} = \begin{bmatrix} \mathbf{K}_{Aj} & 0 \\ 0 & \mathbf{K}_{Bj} \end{bmatrix} \begin{bmatrix} \boldsymbol{u}_{Aj} \\ \boldsymbol{u}_{Bj} \end{bmatrix} .$$

Die lokalen Steifigkeitsbeziehungen in generalisierten Koordinaten und die Anteile an der Steifigkeitsmatrix des Gesamtsystems, Gleichungen (4.12f) und (4.12g), sind mit den Verschiebungsvektoren der Module

Hochachse

$$\boldsymbol{u}_{L0} = u_{L0} = \Delta\varphi_{i0} \quad , \qquad \Delta\varphi_{i0} = \frac{1}{i_0}\varphi_{A0} - \varphi_{0z} \quad ,$$

Schulter

$$\boldsymbol{u}_{L1} = [\Delta\varphi_{i1}, v_1, w_1, \vartheta, \beta, \psi]^T \quad ,$$

$$\Delta\varphi_{i1} = \frac{k_{1\,22}\, l_1 - k_{1\,24}}{c_{i1}} w_1 + \frac{k_{1\,24}\, l_1 - k_{1\,44}}{c_{i1}} \beta \quad ,$$

Ellbogen

$$\boldsymbol{u}_{L2} = [\Delta\varphi_{i2}, v_2, w_2]^T \quad , \qquad \Delta\varphi_{i2} = \frac{k_{2\,22}\, l_2}{c_{i2}} w_2$$

und den restlichen Angaben (Steifigkeitsmatrizen $\mathbf{K}_{Aj}$ und $\mathbf{K}_{Bj}$) aus Abschnitt 4.2.3 leicht aufzustellen.

C1.6 Dämpfungseigenschaften

Für den Dämpfungsanteil (4.12h) P_{Qj} proportional zu den Steifigkeiten wird $\boldsymbol{\kappa}_j$ für das Schultermodul in der Form

$$\boldsymbol{\kappa}_1 = \begin{bmatrix} \kappa_A & \mathbf{0}^T \\ 0 & \boldsymbol{\kappa}_{B1} \end{bmatrix} , \qquad \boldsymbol{\kappa}_{B1} = \mathrm{diag}(\kappa_z, \kappa_y, \kappa_x, \kappa_y, \kappa_z)$$

angesetzt. Es trägt unterschiedliche Dämpfungsfaktoren $\kappa_A, \kappa_x, \kappa_y, \kappa_z$ (vgl. Abschnitt 4.1) für die elastischen Verformungen im Antrieb und der Balkenteilsysteme um ihre Koordinatenachsen bei. Für das Ellbogenmodul reduziert sich $\boldsymbol{\kappa}_2$ auf κ_A und den oberen linken 2×2-Block von $\boldsymbol{\kappa}_{B1}$, für das Hochachsmodul ohne Balken als Anschlußteilsystem verbleibt der Skalar $\boldsymbol{\kappa}_0=\kappa_A$.

In den Achsmodulen erzeugen die geschwindigkeitsproportionalen Dämpfungen an den Antriebsdrehmassen den dissipativen Energieanteil

$$E_{Dbj} = \frac{1}{2}\dot{\varphi}_{Arel,j}\, b_j\, \dot{\varphi}_{Arel,j} \quad .$$

Mit der Koinzidenzbeziehung für die lokale Geschwindigkeit $\dot{\varphi}_{Arel,j}=\boldsymbol{V}_{Lj}\dot{\mathbf{q}}_j$ erhält man die zugehörige globale Dämpfungsmatrix

$$\mathbf{P}_{bj} = \boldsymbol{V}_{Lj}^T b_j \boldsymbol{V}_{Lj} \quad .$$

Die Koinzidenzgleichung für $\dot{\varphi}_{Arel,j}$ läßt sich mit $\mathbf{q}_j$ direkt aus $\boldsymbol{\Omega}_{Arel,j}$ (vgl. Abschnitt C1.3) ablesen.

C1.7 Eingangsgrößen

Folgend sind die Elemente von $\mathbf{F}_j=[\mathbf{F}_{Tj}^{(+)\,T} \mid \mathbf{F}_{R1j}^{(\bullet)\,T}, \mathbf{F}_{R2j}^{(\bullet)\,T}]^T$ für die drei Achsmodule und $\mathbf{F}_j=\mathbf{F}_{Tj}^{(+)\,T}$ für die Endmasse angegeben:

Hochachse

$$\mathbf{F}_{T0}^{(0)} = \mathbf{0} \;, \qquad \mathbf{F}_{R10}^{(0)} = [0,\, 0,\, -M_{A0}]^T \;, \qquad \mathbf{F}_{R20}^{(0)} = [0,\, 0,\, M_{A0}]^T \;,$$

Schulter

$$\mathbf{F}_{T1}^{(0)} = \mathbf{0} \;, \qquad \mathbf{F}_{R11}^{(1)} = [0,\, -M_{A1},\, 0]^T \;, \qquad \mathbf{F}_{R21}^{(1)} = [0,\, M_{A1},\, 0]^T \;,$$

Ellbogen

$$\mathbf{F}_{T2}^{(0)} = [0,\, 0,\, -m_2 g]^T \;, \qquad \mathbf{F}_{R12}^{(2)} = [0,\, -M_{A2},\, 0]^T \;, \qquad \mathbf{F}_{R22}^{(2)} = [0,\, M_{A2},\, 0]^T \;,$$

Endmasse

$$\mathbf{F}_{T3}^{(0)} = [0,\, 0,\, -m_3 g]^T \;.$$

Die Drehmomente M_{Aj} setzen sich aus den elektrisch eingeprägten Motormomenten M_{Mj} und Coulombschen Reibmomenten M_{Rj} zusammen, die an den Antriebsdrehmassen und umgekehrt am Gehäuse angreifen. Sie sind bezüglich ihrer Modulkoordinatensysteme angegeben. Dagegen sind die Gewichtskräfte $m_j g$ zweckmäßigerweise im Inertialsystem beschrieben.

C1.8 Ausgangsgrößen

Hier werden als Beispiel nur die zur späteren Regelung des Gesamtsystems verwendeten Messungen aufgeführt. Neben den antriebsseitigen Messungen des Relativwinkels $\varphi_{Arel,j}$ und der Relativwinkelgeschwindigkeit $\dot{\varphi}_{Arel,j}$ der Antriebsdrehmassen (Motoren) gegenüber den Gehäusen aus jedem Modul, liegen aus Schulter und Ellbogen die Krümmungen v''_j und w''_j der Arme jeweils in $y_{j'}$- und $z_{j'}$-Biegerichtung vor (vgl. Bild 4.1), die mit Dehnungsmeßstreifen in den Abständen l_{vj} und l_{wj} von den Armdrehachsen gemessen werden. Die Ausgangsvektoren der einzelnen Module sind damit für

die Hochachse

$$\mathbf{y}_0 = [\varphi_{Arel,0},\, \dot{\varphi}_{Arel,0}]^T \;,$$

die Schulter

$$\mathbf{y}_1 = [\varphi_{Arel,1},\, \dot{\varphi}_{Arel,1},\, v''_1,\, w''_1]^T \;,$$

$$v''_1 = \frac{k_{1\,15} + k_{1\,11}\,(l_1 - l_{v1})}{EI_{z1}} v_1 + \frac{k_{1\,55} + k_{1\,15}\,(l_1 - l_{v1})}{EI_{z1}} \psi \;,$$

$$w''_1 = -\frac{k_{1\,24} - k_{1\,22}\,(l_1 - l_{w1})}{EI_{y1}} w_1 - \frac{k_{1\,44} - k_{1\,24}\,(l_1 - l_{w1})}{EI_{y1}} \beta$$

und den Ellbogen

$$\mathbf{y}_2 = [\varphi_{Arel,2}, \dot{\varphi}_{Arel,2}, v''_2, w''_2]^T \quad ,$$

$$v''_2 = \frac{k_{2\,11}\,(l_2 - l_{v2})}{EI_{z2}} v_2 \quad ,$$

$$w''_2 = \frac{k_{2\,22}\,(l_2 - l_{v2})}{EI_{y2}} w_2 \quad .$$

Die Krümmungen sind die Quotienten aus den an den Meßstellen auftretenden Schnittmomenten, die sich aus den jeweiligen Steifigkeitsbeziehungen der Arme ergeben, und den zugehörigen Biegesteifigkeiten EI, wobei die Vorzeichen der Krümmungen aus ihrer Eigenschaft als zweifache Ableitung der Biegelinie nach der Koordinate in Richtung der Armlängsachse festgelegt sind.

C2 Bewegungsgleichungen (Abschnitt 4.3)

In diesem Abschnitt erfolgt die Umrechnung der Lagrangeschen Gleichungen zweiter Art (4.13a) in die Bewegungsgleichungen (4.14a). Die folgende Rechnung wird nacheinander für die einzelnen Terme von (4.13a) durchgeführt.

Betrachtet man die kinetische Energie für einen einzelnen Körper, erhält man mit den generalisierten Geschwindigkeiten $\dot{\mathbf{q}}$, den inertialen Jacobimatrizen der Translation und Rotation sowie den zugehörigen Trägheitstensoren im Inertialsystem

$$E_{kin} = E_{kin\,T} + E_{kin\,R} \quad ,$$

$$E_{kin\,T/R} = \frac{1}{2} \dot{\mathbf{q}}^T \mathbf{V}_{T/R}^{(0)T}(\mathbf{q}) \mathbf{M}_{T/R}^{(0)}(\mathbf{q}) \mathbf{V}_{T/R}^{(0)}(\mathbf{q}) \dot{\mathbf{q}} \quad . \tag{a}$$

Nach partieller und totaler Differentiation gemäß (4.13a) wird der Anteil der kinetischen Energie /Schiehlen 1986/

$$\Delta_{kin\ T/R} = \frac{d}{dt}\left(\frac{\partial E_{kin\ T/R}}{\partial \dot{q}}\right) - \frac{\partial E_{kin\ T/R}}{\partial q} \tag{b}$$

$$= \boldsymbol{V}_{T/R}^{(0)T}(\mathbf{q})\mathbf{M}_{T/R}^{(0)}(\mathbf{q})\boldsymbol{V}_{T/R}^{(0)}(\mathbf{q})\ddot{\mathbf{q}} + \boldsymbol{V}_{T/R}^{(0)T}(\mathbf{q})\frac{\partial(\mathbf{M}_{T/R}^{(0)}(\mathbf{q})\boldsymbol{V}_{T/R}^{(0)}(\mathbf{q})\dot{\mathbf{q}})}{\partial \mathbf{q}^T}\dot{\mathbf{q}} \quad .$$

Für die weitere Rechnung kann zunächst die Unterscheidung der Translations- und Rotationsbewegung entfallen. Bei Beschreibung der Geschwindigkeitsvektoren des betrachteten Körpers im bewegten Koordinatensystem j ergibt sich mit den Transformationsbeziehungen

$$\boldsymbol{V}^{(0)}(\mathbf{q}) = \mathbf{T}^{(0,j)}(\mathbf{q})\boldsymbol{V}^{(j)}(\mathbf{q}) \quad , \qquad \mathbf{M}^{(0)}(\mathbf{q}) = \mathbf{T}^{(0,j)}(\mathbf{q})\mathbf{M}^{(j)}(\mathbf{q})\mathbf{T}^{(j,0)}(\mathbf{q}) \tag{c}$$

für die Jacobimatrix und für den Trägheitstensor in den Koordinatensystemen 0 und j:

$$\Delta_{kin\ T/R} = \boldsymbol{V}^{(j)\,T}\mathbf{M}^{(j)}\boldsymbol{V}^{(j)}\ddot{\mathbf{q}} + \boldsymbol{V}^{(j)\,T}\mathbf{T}^{(j,0)}\frac{\partial(\mathbf{T}^{(0,j)}\mathbf{M}^{(j)}\boldsymbol{V}^{(j)}\dot{\mathbf{q}})}{\partial \mathbf{q}^T}\dot{\mathbf{q}}$$

$$= \boldsymbol{V}^{(j)\,T}\mathbf{M}^{(j)}\boldsymbol{V}^{(j)}\ddot{\mathbf{q}} + \boldsymbol{V}^{(j)\,T}\mathbf{M}^{(j)}\frac{\partial(\boldsymbol{V}^{(j)}\dot{\mathbf{q}})}{\partial \mathbf{q}^T}\dot{\mathbf{q}} \tag{d}$$

$$+ \boldsymbol{V}^{(j)\,T}\mathbf{T}^{(j,0)}\left[\frac{\partial(\mathbf{T}^{(0,j)}\mathbf{M}^{(j)})}{\partial \mathbf{q}^T}\boldsymbol{V}^{(j)}\dot{\mathbf{q}}\right]\dot{\mathbf{q}} \quad .$$

Weitere Anwendung der Produktregel für die Differentiation liefert für den letzten Term aus Gleichung (d):

$$\boldsymbol{V}^{(j)\,T}\mathbf{T}^{(j,0)}\left[\frac{\partial(\mathbf{T}^{(0,j)}\mathbf{M}^{(j)})}{\partial \mathbf{q}^T}\boldsymbol{V}^{(j)}\dot{\mathbf{q}}\right]\dot{\mathbf{q}} = \boldsymbol{V}^{(j)\,T}\left[\frac{\partial \mathbf{M}^{(j)}}{\partial \mathbf{q}^T}\boldsymbol{V}^{(j)}\dot{\mathbf{q}}\right]\dot{\mathbf{q}}$$

$$+ \boldsymbol{V}^{(j)\,T}\left[\left(\mathbf{T}^{(j,0)}\frac{\partial \mathbf{T}^{(0,j)}}{\partial \mathbf{q}^T}\right)\mathbf{M}^{(j)}\boldsymbol{V}^{(j)}\dot{\mathbf{q}}\right]\dot{\mathbf{q}} \quad . \tag{e}$$

Ist das bewegte Koordinatensystem j so gewählt, daß der Trägheitstensor $\mathbf{M}^{(j)}$ konstant ist, verschwindet der erste Summand in (e). Wird für den verbleibenden Term die Summe

$$\boldsymbol{V}^{(j)\,T}[(\mathbf{T}^{(j,0)}\frac{\partial \mathbf{T}^{(0,j)}}{\partial \mathbf{q}^T})\mathbf{M}^{(j)}\boldsymbol{V}^{(j)}\dot{\mathbf{q}}]\dot{\mathbf{q}} = \boldsymbol{V}^{(j)\,T}\sum_{i=1}^{n_q}[(\mathbf{T}^{(j,0)}\frac{\partial \mathbf{T}^{(0,j)}}{\partial q_i})(\mathbf{M}^{(j)}\boldsymbol{V}^{(j)}\dot{\mathbf{q}})]\dot{q}_i \tag{f}$$

geschrieben und berücksichtigt, daß mit dem schiefsymmetrischen Tensor der momentanen Drehungen des Koordinatensystems j /Müller u.a. 1976/ und der i-ten Spalte $\boldsymbol{V}_{Rji}^{(j)}$ der zugehörigen Jacobimatrix der Rotation

$$(\mathbf{T}^{(j,0)}\frac{\partial \mathbf{T}^{(0,j)}}{\partial q_i})(\mathbf{M}^{(j)}\boldsymbol{V}^{(j)}\dot{\mathbf{q}}) = \boldsymbol{V}_{Rji}^{(j)}\times(\mathbf{M}^{(j)}\boldsymbol{V}^{(j)}\dot{\mathbf{q}}) \tag{g}$$

ist, folgt schließlich für den verbleibenden zweiten Summanden in Gleichung (e) mit der Winkelgeschwindigkeit $\boldsymbol{\Omega}_j^{(j)}=\boldsymbol{V}_{Rj}^{(j)}\dot{q}$ des Koordinatensystems j:

$$\boldsymbol{V}^{(j)\,T}\sum_{i=1}^{n_q}[(\mathbf{T}^{(j,0)}\frac{\partial \mathbf{T}^{(0,j)}}{\partial q_i})(\mathbf{M}^{(j)}\boldsymbol{V}^{(j)}\dot{\mathbf{q}})]\dot{q}_i = \boldsymbol{V}^{(j)\,T}(\boldsymbol{\Omega}_j^{(j)}\times\mathbf{M}^{(j)}\boldsymbol{V}^{(j)}\dot{\mathbf{q}}) \quad . \tag{h}$$

Unterscheidet man nun wieder die Translations- und Rotationsbewegung des betrachteten Körpers und dehnt den Anteil für die kinetische Energie auf eine Gruppe von Körpern in einem Modul j aus, deren Geschwindigkeitsvektoren bezüglich des Modulkoordinatensystems zerlegt sind, erhält man aus (d) und (h) für das Modul

$$\Delta_{kin\,j} = \boldsymbol{V}_{Mj}^{(j)\,T}\mathbf{M}_j\boldsymbol{V}_{Mj}^{(j)}\;\ddot{q} + \boldsymbol{V}_{Mj}^{(j)\,T}\mathbf{M}_j\frac{\partial \boldsymbol{v}_{Mj}^{(j)}}{\partial \mathbf{q}^T}\;\dot{q} + \boldsymbol{V}_{Mj}^{(j)\,T}\begin{bmatrix}\boldsymbol{\Omega}_j^{(j)}\times\mathbf{M}_{T1j}\boldsymbol{v}_{T1j}^{(j)}\\ \vdots\\ \boldsymbol{\Omega}_j^{(j)}\times\mathbf{M}_{R1j}\boldsymbol{v}_{R1j}^{(j)}\\ \vdots\end{bmatrix} \tag{i}$$

und nach Summation über alle Module des Gesamtsystems die Trägheitsterme aus Gleichung (4.14a).

Bedingt durch den Aufbau des Vektors $\mathbf{q}$ der generalisierten Koordinaten aus (4.12a), erhält man mit der potentiellen Energie des Moduls j

$$E_{pot\,j} = \frac{1}{2}\dot{\mathbf{q}}_j^T \mathbf{Q}_j \dot{\mathbf{q}}_j \qquad \text{(k)}$$

und $\mathbf{Q}_j$ aus (4.12g) für den Anteil der potentiellen Energie in (4.13a) nach Summation über alle Module den Ausdruck in (4.14a).

Der gleiche Zusammenhang gilt mit der dissipativen Energie aus (4.12i) für den Anteil der verallgemeinerten Dämpfungskräfte im Vektor $\mathbf{f}$ auf der rechten Seite von (4.13a), der in (4.14a) auf die linke Seite gebracht wurde.

Zur Berechnung des verbleibenden Terms der eingeprägten Kräfte mit Hilfe des Prinzips der virtuellen Arbeiten sei z.B. auf /Müller u.a. 1976/ verwiesen.

Anhang D: Regelungsentwurf

Servoverstärkungen (Abschnitt 5.1)

Größe	Wert	Einheit	Verstärkung für
k_{M0}	0.537	Nm/V	Hochachse
k_{M1}	-0.735	Nm/V	Schulter
k_{M2}	0.148	Nm/V	Ellbogen

Tabelle D1

Meßverstärkungen (Abschnitt 5.1)

Größe	Wert	Einheit	Verstärkung für
$k_{\varphi m}$	159.2	Digits/rad	Antriebswinkel
$k_{\Omega m}$	$2.387\ 10^{-2}$	V/(rad/s)	Winkelgeschwindigkeit
k_{v1m}	-2092	V/m^{-1}	Oberarmkrümmung
k_{w1m}	6276	V/m^{-1}	"
k_{v2m}	-1674	V/m^{-1}	Unterarmkrümmung
k_{w2m}	3347	V/m^{-1}	"

Tabelle D2

Ortsvektor und Geschwindigkeitsvektor der Endmasse im Inertialsystem (Abschnitt 5.1)

Der Ortsvektor im Inertialkoordinatensystem ergibt sich bei einer Beschreibung mit Relativkoordinaten (vgl. Abschnitt 4.2) formal aus

$$\mathbf{r}_3^{(0)} = \mathbf{T}^{(0,1)}\mathbf{T}^{(1,2)}[\ \mathbf{T}^{(2,1)}\mathbf{r}_{1,2}^{(1)}+\mathbf{r}_{2,3}^{(2)}\ ] \quad .$$

Dieser Ausdruck wird mit den konkreten Angaben zur lokalen Kinematik der einzelnen Module aus Anhang C ausgewertet und findet als Ausgangsgleichung zur nichtlinearen Simulation der Trajektorie der Endmasse Verwendung. In Abschnitt 5.1 waren als Zielausgangsgrößen der Regelstrecke kleine Abweichungen der Endmasse aus der für die Linearisierung der Regelstrecke betrachteten stationären Ruhelage (siehe Abschnitt 4.3.1) von Interesse. Der Ansatz einer Taylorreihe um die Ruhelage mit Abbruch nach dem linearen Glied

$$\mathbf{r}_3^{(0)}(\mathbf{q}) = \mathbf{r}_3^{(0)}(\mathbf{q}_s) + \frac{\partial \mathbf{r}_3^{(0)}}{\partial \mathbf{q}^T}\Big|_s \Delta\mathbf{q} + \ldots..$$

liefert für die gesuchten Änderungen in x_0–, y_0– und z_0–Richtung:

$$\Delta r_{3x}^{(0)} = -(l_1\sin(\varphi_{1ys})+l_2\sin(\varphi_{2ys}+\varphi_{1ys}))\Delta\varphi_{1y}+\sin(\varphi_{1ys})\Delta w_1$$

$$-l_2\sin(\varphi_{2ys}+\varphi_{1ys})\Delta\beta-l_2\sin(\varphi_{2ys}+\varphi_{1ys})\Delta\varphi_{2y}+\sin(\varphi_{2ys}+\varphi_{1ys})\Delta w_2 \quad ,$$

$$\Delta r_{3y}^{(0)} = (l_1\cos(\varphi_{1ys})+l_2\cos(\varphi_{2ys}+\varphi_{1ys}))\Delta\varphi_{0z}+\Delta v_1+l_2\sin(\varphi_{2ys})\Delta\vartheta$$

$$+l_2\cos(\varphi_{2ys})\Delta\psi+\Delta v_2 \quad ,$$

$$\Delta r_{3z}^{(0)} = -(l_1\cos(\varphi_{1ys})+l_2\cos(\varphi_{2ys}+\varphi_{1ys}))\Delta\varphi_{1y}+\cos(\varphi_{1ys})\Delta w_1$$

$$-l_2\cos(\varphi_{2ys}+\varphi_{1ys})\Delta\beta-l_2\cos(\varphi_{2ys}+\varphi_{1ys})\Delta\varphi_{2y}+\cos(\varphi_{2ys}+\varphi_{1ys})\Delta w_2 \quad .$$

Führt man auch für die Geschwindigkeiten um die stationäre Ruhelage $\dot{\mathbf{q}}_s=\mathbf{0}$ eine Taylorentwicklung mit Abbruch nach dem linearen Glied durch,

$$\dot{\mathbf{r}}_3^{(0)}(\mathbf{q},\dot{\mathbf{q}}) = \frac{\partial \mathbf{r}_3^{(0)}}{\partial \mathbf{q}^T}\dot{\mathbf{q}} = \left(\frac{\partial \mathbf{r}_3^{(0)}}{\partial \mathbf{q}^T}\dot{\mathbf{q}}\right)\Big|_s + \frac{\partial}{\partial \mathbf{q}^T}\left(\frac{\partial \mathbf{r}_3^{(0)}}{\partial \mathbf{q}^T}\dot{\mathbf{q}}\right)\Big|_s \Delta\mathbf{q} + \frac{\partial}{\partial \dot{\mathbf{q}}^T}\left(\frac{\partial \mathbf{r}_3^{(0)}}{\partial \mathbf{q}^T}\dot{\mathbf{q}}\right)\Big|_s \Delta\dot{\mathbf{q}} + \ldots.$$

$$= \frac{\partial}{\partial \dot{\mathbf{q}}^T}\left(\frac{\partial \mathbf{r}_3^{(0)}}{\partial \mathbf{q}^T}\dot{\mathbf{q}}\right)\Big|_s \Delta\dot{\mathbf{q}} + \ldots. \quad ,$$

zeigt sich, daß das Ergebnis für den Ortsvektor $\Delta\mathbf{r}_3^{(0)}$ mit $\Delta\dot{\mathbf{q}}$ statt $\Delta\mathbf{q}$

übernommen werden kann. Die Komponenten des Geschwingkeitsvektors sind damit:

$$\Delta\dot{r}_{3x}^{(0)} = -(l_1\sin(\varphi_{1ys})+l_2\sin(\varphi_{2ys}+\varphi_{1ys}))\Delta\dot{\varphi}_{1y}+\sin(\varphi_{1ys})\Delta\dot{w}_1$$

$$-l_2\sin(\varphi_{2ys}+\varphi_{1ys})\Delta\dot{\beta}-l_2\sin(\varphi_{2ys}+\varphi_{1ys})\Delta\dot{\varphi}_{2y}+\sin(\varphi_{2ys}+\varphi_{1ys})\Delta\dot{w}_2 \quad ,$$

$$\Delta\dot{r}_{3y}^{(0)} = (l_1\cos(\varphi_{1ys})+l_2\cos(\varphi_{2ys}+\varphi_{1ys}))\Delta\dot{\varphi}_{0z}+\Delta\dot{v}_1+l_2\sin(\varphi_{2ys})\Delta\dot{\vartheta}$$

$$+l_2\cos(\varphi_{2ys})\Delta\dot{\psi}+\Delta\dot{v}_2 \quad ,$$

$$\Delta\dot{r}_{3z}^{(0)} = -(l_1\cos(\varphi_{1ys})+l_2\cos(\varphi_{2ys}+\varphi_{1ys}))\Delta\dot{\varphi}_{1y}+\cos(\varphi_{1ys})\Delta\dot{w}_1$$

$$-l_2\cos(\varphi_{2ys}+\varphi_{1ys})\Delta\dot{\beta}-l_2\cos(\varphi_{2ys}+\varphi_{1ys})\Delta\dot{\varphi}_{2y}+\cos(\varphi_{2ys}+\varphi_{1ys})\Delta\dot{w}_2 \quad .$$

Sollortsvektor und -geschwindigkeitsvektor der Endmasse im Inertialsystem
(Abschnitt 5.2.3)

Für die Berechnung der inertialen Sollbewegungen (Solltrajektorien) der Endmasse wird entsprechend dem Entwurfsziel einer schwingungsfreien Bewegung die Regelstrecke als ideales, starres System betrachtet. Man erhält die Sollbewegungen einfach aus den oben berechneten Ortsvektoränderungen und deren Ableitungen für das elastische System durch nullsetzen der auftretenden elastischen Verformungen und austauschen der verbleibenden Starrkörperwinkel und deren Ableitungen gegen die Sollwinkel $\Delta\varphi_{0z\,ref}$, $\Delta\varphi_{1y\,ref}$ und $\Delta\varphi_{2y\,ref}$ und -winkelgeschwindigkeiten $\Delta\dot{\varphi}_{0z\,ref}$, $\Delta\dot{\varphi}_{1y\,ref}$ und $\Delta\dot{\varphi}_{2y\,ref}$. Mit den antriebsseitigen, dynamisch gewichteten Größen aus Gleichung (5.5c) und ihrem Zusammenhang mit den abtriebsseitigen Sollwinkeln und Sollwinkelgeschwindigkeiten

$$\Delta\varphi_{0z\,ref} = \frac{x_{w01}}{i_0} \quad , \quad \Delta\dot{\varphi}_{0z\,ref} = \frac{x_{w02}}{i_0} \quad ,$$

$$\Delta\varphi_{1y\,ref} = \frac{x_{w11}}{i_1} \quad , \quad \Delta\dot{\varphi}_{1y\,ref} = \frac{x_{w12}}{i_1} \quad ,$$

$$\Delta\varphi_{2y\,ref} = \frac{x_{w21}}{i_2} \quad , \quad \Delta\dot{\varphi}_{2y\,ref} = \frac{x_{w22}}{i_2}$$

ergibt sich der Sollagevektor der Endmasse

$$\Delta r^{(0)}_{3x\,ref} = -\frac{1}{i_1}(l_1\sin(\varphi_{1ys})+l_2\sin(\varphi_{2ys}+\varphi_{1ys}))\; x_{w11}$$

$$-\frac{1}{i_2}l_2\sin(\varphi_{2ys}+\varphi_{1ys})\; x_{w21} \quad ,$$

$$\Delta r^{(0)}_{3y\,ref} = \frac{1}{i_0}(l_1\cos(\varphi_{1ys})+l_2\cos(\varphi_{2ys}+\varphi_{1ys}))\; x_{w01} \quad ,$$

$$\Delta r^{(0)}_{3z\,ref} = -\frac{1}{i_1}(l_1\cos(\varphi_{1ys})+l_2\cos(\varphi_{2ys}+\varphi_{1ys}))\; x_{w11}$$

$$-\frac{1}{i_2}l_2\cos(\varphi_{2ys}+\varphi_{1ys})\; x_{w21}$$

und der Sollgeschwindigkeitsvektor

$$\Delta \dot{r}^{(0)}_{3x\,ref} = -\frac{1}{i_1}(l_1\sin(\varphi_{1ys})+l_2\sin(\varphi_{2ys}+\varphi_{1ys}))\; x_{w12}$$

$$-\frac{1}{i_2}l_2\sin(\varphi_{2ys}+\varphi_{1ys})\; x_{w22} \quad ,$$

$$\Delta \dot{r}^{(0)}_{3y\,ref} = \frac{1}{i_0}(l_1\cos(\varphi_{1ys})+l_2\cos(\varphi_{2ys}+\varphi_{1ys}))\; x_{w02} \quad ,$$

$$\Delta \dot{r}^{(0)}_{3z\,ref} = -\frac{1}{i_1}(l_1\cos(\varphi_{1ys})+l_2\cos(\varphi_{2ys}+\varphi_{1ys}))\; x_{w12}$$

$$-\frac{1}{i_2}l_2\cos(\varphi_{2ys}+\varphi_{1ys})\; x_{w22} \quad .$$

Startreglerentwurf für entkoppelte Achsmodelle (Abschnitt 5.4.2.1)

Bild D1 zeigt das Blockschaltbild der für den Entwurf der Startregelung je Achse verwendeten Regelkreisstruktur mit Starrkörpermodell und konventioneller Rückführung der antriebsseitigen Winkelgeschwindigkeit und des Winkels.

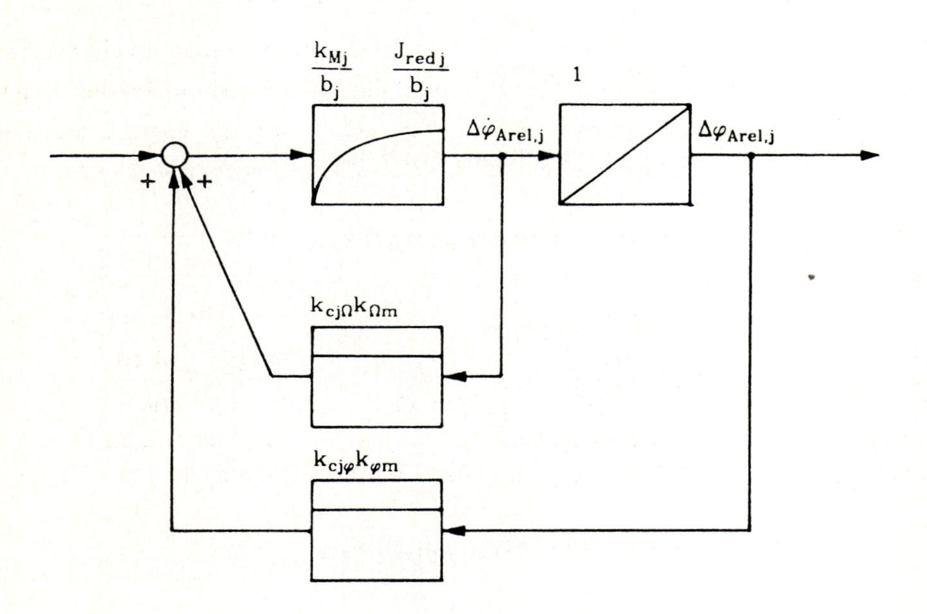

Bild D1: Regelkreisstruktur zum Entwurf der konventionellen Startregelung

Die zusammengefaßten, auf die Antriebswelle reduzierten Trägheitsmomente $J_{red\,j}$ berechnen sich aus

$$J_{red\,0}=J_{A0}+[J_{G1z}+m_2l_1^2\cos^2(\varphi_{1ys})+J_{G2z}+m_3(l_1\cos(\varphi_{1ys})+l_2\cos(\varphi_{1ys}+\varphi_{2ys}))^2]/\,i_0^2\ ,$$

$$J_{red\,1}=J_{A1y}+[m_2l_1^2+J_{G2y}+J_{A2y}+m_3((l_1+l_2\cos(\varphi_{1ys}))^2+l_2^2\sin^2(\varphi_{2ys}))]/\,i_1^2\ ,$$

$$J_{red\,2}=J_{A2y}+m_3l_2^2/\,i_2^2\ .$$

Nach Vorgabe der Achsdynamik (Eigenfrequenz ω_{j0} und Dämpfung d_j) erhält man die Reglerverstärkungen

$$k_{cj\Omega}=-(2d_j\omega_{j0}J_{red\,j}-b_j)/(k_{Mj}k_{\Omega m}) \quad ,$$

$$k_{cj\varphi}=-\omega_{j0}^2 J_{redj}/(k_{Mj}k_{\varphi m}) \quad .$$

Folgende Tabelle enthält die konkreten Zahlenwerte der zusammengefaßten Trägheitsmomente der Achsmodelle und Rückführverstärkungen der Startregler, die sich mit den physikalischen Parametern aus Tabelle 4.2 und den Servo- und Meßverstärkungen aus Tabellen D1 und D2 ergeben.

Achse	$J_{red\,j}$	$k_{cj\Omega}$	$k_{cj\varphi}$
Hochachse	$3.713\ 10^{-3}$ kgm^2	-17.27 V/V	$-0.695\ 10^{-1}$ V/Digit
Schulter	$8.343\ 10^{-3}$ kgm^2	28.13 V/V	0.114 V/Digit
Ellbogen	$8.407\ 10^{-4}$ kgm^2	-12.36 V/V	$-0.583\ 10^{-1}$ V/Digit

Tabelle D3: Parameter und Ergebnisse für die Startregelung

Parameter der vollständigen Ausgangsvektorregelung (Abschnitt 5.4.2.2 und 5.4.2.3)

Größe	Wert	Einheit	Bemerkung
	Hochachse		
T_{D01}	10^{-3}	s	Teilbeobachter-
T_{D02}	10^{-3}	s	zeitkonstanten
k_{cx01}	$-0.20412\ 10^{2}$	V/V	
k_{cx02}	$-0.24262\ 10^{1}$	V/V	
$k_{c0\varphi}$	-0.16164	V/Digit	
$k_{c0\Omega}$	$-0.63362\ 10^{2}$	V/V	
k_{c0v1}	$-0.10768\ 10^{2}$	V/V	
k_{c0v2}	$-0.52342\ 10^{1}$	V/V	
	Schulter		
T_{D11}	10^{-3}	s	Teilbeobachter-
T_{D21}	10^{-3}	s	zeitkonstanten
k_{c1x1}	$-0.12936\ 10^{2}$	V/V	
k_{c1x2}	$0.24332\ 10^{1}$	V/V	
$k_{c1\varphi}$	0.11256	V/Digit	
$k_{c1\Omega}$	$0.33806\ 10^{2}$	V/V	
k_{c1w1}	$-0.87251\ 10^{1}$	V/V	
k_{c1w2}	-0.91041	V/V	
	Ellbogen		
T_{D21}	10^{-3}	s	Teilbeobachter-
T_{D22}	10^{-3}	s	zeitkonstanten
k_{c2x1}	$-0.86249\ 10^{-1}$	V/V	
k_{c2x2}	$-0.45931\ 10^{2}$	V/V	
$k_{c2\varphi}$	$-0.66201\ 10^{-1}$	V/Digit	
$k_{c2\Omega}$	$-0.16756\ 10^{2}$	V/V	
k_{c2w1}	$-0.20250\ 10^{1}$	V/V	
k_{c2w2}	$-0.48577\ 10^{2}$	V/V	

Tabelle D4a: Rückführparameter

Größe	Wert	Einheit	Bemerkung
	Hochachse		
$k_{r0\varphi}$	0.25733 10^2	V/rad	$=-k_{c0\varphi}k_{\varphi m}$
$k_{r0\Omega}$	0.15439 10^1	V/(rad/s)	
$k_{r0\alpha}$	0.39772 10^{-1}	V/(rad/s^2)	
	Schulter		
$k_{r1\varphi}$	-0.17919 10^2	V/rad	$=-k_{c1\varphi}k_{\varphi m}$
$k_{r1\Omega}$	-0.86208	V/(rad/s)	
$k_{r1\alpha}$	-0.161848 10^{-1}	V/(rad/s^2)	
	Ellbogen		
$k_{r2\varphi}$	0.10539 10^2	V/rad	$=-k_{c2\varphi}k_{\varphi m}$
$k_{r2\Omega}$	0.47251	V/(rad/s)	
$k_{r2\alpha}$	0.10021 10^{-1}	V/(rad/s^2)	

Tabelle D4b: Führungsgrößenaufschaltung

8. Literaturverzeichnis

Ackermann J.: Positionsregelung reibungsbehafteter elastischer Industrieroboter. Dissertation an der Bergischen Universität-GH Wuppertal in der Fachgruppe Sicherheitstechnische Regelungs- und Meßtechnik 1988, erscheint demnächst in VDI Fortschritt-Berichte, Reihe 8.

Ackermann J., Müller P.C.: Dynamical behaviour of nonlinear multibody system due to Coulomb friction and backlash. IFAC/IFIP/IMACS Intenatinal Symposium on Theory of Robots, Preprints, S. 289-295, Wien 1986.

Arbeitsgruppe Mechatronik: Nachdiplomstudium in Mechatronik. Institut für Meß- und Regelungstechnik, ETH-Zentrum, Zürich 1986.

Balas M.J.: Feedback Control of Flexible Systems. IEEE Trans. Automat. Contr., Vol. AC-23, S.673-679, 1978.

Becker P.-J.: Regelungstechnische Probleme und Lösungen bei komplexen Roboteranwendungen. Fachberichte Messen - Steuern - Regeln, Band 10, "Fortschritte durch digitale Meß- und Automatisierungstechnik", Springer-Verlag Berlin - Heidelberg - New York - Tokyo 1983.

Char B.W., Geddes K.O., Gounet G.H., Watt S.M.: Maple Reference Manual. Symbolic Computation Group, Department of Computer Science, University of Waterloo, Canada 1985.

Freund E., Hoyer H.: Das Prinzip nichtlinearer Entkopplung mit Anwendung auf Industrieroboter. Regelungstechnik 28, Heft 3, S. 80-87, 1980.

Frühauf F.: Entwurf einer aktiven Fahrzeugfederung für zeitverschobene Anregungsprozesse. VDI Fortschritt-Berichte, Reihe 12, Nr.57, Düsseldorf 1985.

Fukuda T., Kuribayashi Y.: Precise Positioning and Vibration Control of Flexible Robotic Arms with Consideration of Joint Elasticity. Proceedings IECON'84, Vol. 1, S.410-415, Tokyo 1984.

Gebler B.: Modellbildung, Steuerung und Regelung für elastische Industrieroboter. VDI Fortschritt-Berichte, Reihe 11, Nr.98, Düsseldorf 1987.

Hanselmann H., Loges W.: Implementation of Very Fast State-Space Controllers using Digital Signal Processors. Preprints "9th IFAC World Congress", Vol. II, Session 03.1/A, Budapest 1984a.

Hanselmann H.: Diskretisierung kontinuierlicher Regler. Regelungstechnik 32, Heft 10, S.326-334, 1984b.

Hanselmann H.: Using Digital Signalprozessors for Control. IEEE Industrial Electronics Conference IECON'86, Proceedings, Vol. 2, S. 647-652, Milwaukee, Wisconsin, 1986.

Hanselmann H.: Implementation of Digital Controllers - A Survey. Automatica, Vol. 23, No. 1, S. 7-32, 1987a.

Hanselmann H., Schwarte A.: Generation of fast target processor code from high level controller descriptions. Preprints 10th IFAC World Congress, Vol. 4, S.90-95, July 26-31, München 1987b.

Hasenjäger E.: Zustandsregler und Beobachter für Antennenantriebe. Regelungstechnik 29, Heft 10 S.351-356 und Heft 11 S.386-390, 1981.

Hastings G.G., Book W.J.: Experiments in Optimal Control of a flexible Arm. Proceedings "American Control Conference", Vol. II, S. 728-729, Boston, June 1985.

Henrichfreise H.: Zur Modellierung des Antriebes für ein elastisches Handhabungssystem. DFG-Forschungsbericht LU 299/1-2, IR-Regelung/Hardware. Universität-GH Paderborn, Automatisierungstechnik 1984.

Henrichfreise H.: Fast Elastic Robots. Control of an elastic robot axis accounting for nonlinear drive properties. Preprints '11th IMACS World Congress on System Simulation and Scientific Computation', Vol. IV, Oslo 1985.

Hopfengärtner H.: Modellbildung und Regelung elektrischer Servorantriebe am Beispiel eines Industrieroboters. Dissertation an der Technischen Fakultät der Universität Erlangen-Nürnberg, 1980.

Kasper R.: Entwicklung und Erprobung eines instrumentellen Verfahrens zum Entwurf von Mehrgrößenregelungen. VDI Fortschritt-Berichte, Reihe 8, Nr. 90, Düsseldorf 1985.

Kuntze H.-B., Jacubasch A.: Algorithmen zur versteifenden Regelung von elastischen Industrierobotern. Robotersysteme 1, S. 99-109, Springer-Verlag Berlin - Heidelberg - New York - Tokyo 1985.

Kwakernaak H., Sivan R.: Linear Optimal Control Systems. Wiley Interscience, New York 1972.

Landau Y.D.: Adaptive Control - The Model Reference Approach. Control and System Theory ,Volume 8. Marcel Dekker Inc., New York and Basel 1979.

Liegeois E., Dobre E., Borrel P.: Learning and Control for a Compliant Computer-Controlled Manipulator. IEEE Trans. Automat. Contr., Vol. AC-25, No. 6, S.1097-1102, Dec. 1980.

Loges W.: Realisierung schneller digitaler Regler hoher Ordnung mit Signalprozessoren. VDI Fortschritt-Berichte, Reihe 8, Nr. 88, Düsseldorf 1985.

Lückel J., Kasper R.: Strukturkriterien für die Steuer-, Stör- und Beobachtbarkeit linearer, zeitinvarianter, dynamischer Systeme. Regelungstechnik 29, Heft 10, S.357-362, 1981.

Lückel J., Kasper R.: Rechnergestützter Regelkreisentwurf im Zustandsraum mit Softwaremodulen der linearen Systemtheorie. Tagungsband zum Aussprachetag "Rechnergestützter Regelkreisentwurf" der VDI/VDE-Gesellschaft, S. 1-15, Langen 1983.

Lückel J., Kasper R.: Optimization of the disturbance and reference characteristics of linear time-invariant systems by stationary compensation of unstable excitation models. Int. J. Control, Vol. 41, No. 1, S. 259-269, 1985.

Luh J.Y.S., Fischer W.D., Paul R.P.C.: Joint Torque Control by a Direct Feedback for Industrial Robots. IEEE Trans. Automat. Contr., Vol. AC-28, No 2, S. 153-161, 1983a.

Luh J.Y.S.: Conventional Controller Design for Industrial Robots - A Tutorial. IEEE Trans. on Systems, Man and Cybernetics, Vol. SMC-13, No. 3, S.298-316, 1983b.

Müller P.C., Schiehlen W.O.: Lineare Schwingungen. Akademische Verlagsgesellschaft, Wiesbaden 1976.

Müller P.C., Lückel J.: Symbolische Erzeugung modular strukturierter Bewegungsgleichungen von elastischen Robotern. Beiträge für eine zukunftsweisende Robotertechnik, 2. Arbeitstagung am Lehrstuhl für Datenverarbeitung der Ruhr-Universität Bochum, 26./27.Sept. 1985.

Neumann R.: Untersuchung eines dezentralen Regelungskonzepts unter Berücksichtigung von Reibungs- und Kopplungsmomenten an einem zweiachsigen Knickarmroboter. Automatisierungstechnik, Universität Paderborn 1986 (nicht veröffentlicht).

Parkus H.: Mechanik der festen Körper. Springer-Verlag Wien - New York 1966.

Patzelt W.: Regelung des nichtlinear gekoppelten Mehrgrößensystems Roboter. Fachberichte Messen-Steuern-Regeln, Band 4 "Wege zu sehr fortgeschrittenen Handhabungssystemen", S. 42-57, Springer-Verlag Berlin Heidelberg New York 1980.

Paul R.P.: Robot Manipulators. MIT Press, Cambridge MA, 1981.

Pestel E.: Technische Mechanik II, Kinematik und Kinetik, Band 3, Teil 2. BI-Wissenschaftsverlag, Mannheim 1971.

Przemieniecki J.S.: Theory of Matrix Structural Analysis. McGraw-Hill Book Company, New York 1968.

Schiehlen W.: Technische Dynamik: Eine Einführung in die analytische Mechanik und ihre technischen Anwendungen. Teubner-Studienbücher Mechanik, Stuttgart 1986.

Sweet L.M., Good M.C.: Redefinition of the Robot Motion-Control Problem. IEEE Control System Magazine, S.18-25, Aug. 1985.

Timoshenko S., Young D.H., Weaver W.: Vibration Problems in Engineering. John Wiley & Sons, New York 1974.

Tröndle H.-P.: Regelung eines Industrie-Roboters mit Hilfe eines adaptiven Beobachters. Fachberichte Messen - Steuern - Regeln, Band 10, "Fortschritte durch digitale Meß- und Automatisierungstechnik", S. 281-290, Springer-Verlag Berlin - Heidelberg - Ney York - Tokyo 1983.

Truckenbrodt A.: Bewegungsverhalten und Regelung hybrider Mehrkörpersysteme mit Anwendung auf Industrieroboter. VDI Fortschritt-Berichte, Reihe 8, Nr. 33, Düsseldorf 1980.

Weihrich G.: Drehzahlregelung von Gleichstromantrieben unter Verwendung eines Zustands- und Störgrößenbeobachters. Regelungstechnik 26, Heft 11 S.349-354 und Heft 12 S.392-397, 1978.